初心不忘 流年不负

林徽因教你做幸福女人

六月鸢尾 著

北京联合出版公司
Beijing United Publishing Co.,Ltd.

图书在版编目（CIP）数据

初心不忘　流年不负：林徽因教你做幸福女人 / 六月鸢尾著.
—北京：北京联合出版公司，2015.5（2023.1 重印）
ISBN 978-7-5502-4737-6

Ⅰ.①初⋯　Ⅱ.①六⋯　Ⅲ.①女性－幸福－通俗读物
Ⅳ.① B82-49

中国版本图书馆 CIP 数据核字 (2015) 第 031770 号

初心不忘　流年不负：林徽因教你做幸福女人

作　　者：六月鸢尾
出 品 人：赵红仕
责任编辑：王　巍
封面设计：赵银翠

北京联合出版公司出版
（北京市西城区德外大街83号楼9层 100088）
北京新华先锋出版科技有限公司发行
小森印刷霸州有限公司印刷　新华书店经销
字数100千字　620毫米×889毫米　1/16　14印张
2015年5月第1版　2023年1月第3次印刷
ISBN 978-7-5502-4737-6
定价：59.00元

版权所有，侵权必究
未经许可，不得以任何方式复制或抄袭本书部分或全部内容
本书若有质量问题，请与本社图书销售中心联系调换。电话：（010）88876681-8026

目 录
CONTENTS

序言：你若安好 便是晴天 / 1

PART 1
幸福女人的起点：你是我最初的年华

第一课：最美的时光遇见你 / 002
第二课：我们都信浪漫传说 / 010
第三课：相惜没有那么难 / 017
第四课：有一种爱情穿越时空 / 023

PART ②

幸福女人的晋级：走入婚姻这座城

第一课：我们在时光里沦陷 / 032

第二课：守住当下的美好 / 039

第三课：为自己留一块"禁地" / 046

第四课：你是我唯一的幸福 / 053

PART ③

幸福女人的智慧：疼爱自己的梦想

第一课：书本是最好的化妆品 / 062

第二课：不做女强人，要做"强女人" / 070

第三课：存在是一种智慧 / 077

第四课：才女也是财女 / 083

PART ④

幸福女人的武器：好好爱自己

第一课：约会前的美丽行动 / 090

第二课：健康是幸福的砝码 / 097

第三课：带上心情出去走走 / 108

第四课：用最好的自己迎接未来 / 115

PART 5

幸福女人的秘籍：珍惜生命中每次相遇

第一课：闺密是骄傲的昵称 / 124

第二课：在友情中读懂永恒 / 130

第三课：把朋友放在安全地带 / 138

第四课：学会包容，让心灵自由呼吸 / 146

PART 6

幸福女人的独白：让阳光温暖彼此

第一课：请绽放你的微笑 / 156

第二课：要求少了，幸福就有了 / 165

第三课：对自己说声谢谢 / 175

第四课：有一种幸福叫放下 / 182

附 录 / 191

序 言
你若安好　便是晴天

林徽因——她是众多女性争相模仿的偶像，文人墨客仰慕已久的绝世才女，令女人嫉妒到骨子里的完美化身，更是让人们爱到心里的出水芙蓉。

她是一个洁净的女子，无论人世如何变迁，她美丽的容颜都不曾改变，脉脉红尘，进退自如。她的生命中有过三个男子、三段感情。任凭世事万象丛生，她的内心始终山明水秀、一清二白，她爱得清醒，也爱得平静。

在爱情上，她让徐志摩痴痴怀想了一生，让金岳霖默默记挂了一生，更让世间形色男子仰慕了一生。在婚姻上，她让梁思成宠爱一生，演绎"梁上君子，林下美人"的伉俪佳话。在事业上，她是中国第一代女性建筑学家，中华人民共和国国徽设计的参与者，人民英雄纪念碑的设计者，传统景泰蓝工艺的拯救者。在友情上，她是朋友眼中众

初心不忘　流年不负

星拱月般的可人儿，是"太太客厅"里的中心人物，是沙龙的灵魂和倾听者，是众多友人交往的核心。她用学识、智慧与洞察力造就了一种明丽而坚实的"精神魅力"。在生活上，她是一个恬静和美的女子，才、情、貌三者合一。她纤纤笔下的戏剧、诗歌、散文，无不韵味隽永、清丽雅致。她把建筑的美应用于文学创作之中，视野新颖，风格典雅，妙不可言。

幸福是女人一生追求的目标，很多女人都想成为第二个林徽因，拥有美满的婚姻、幸福的家庭、成功的事业和真诚的朋友。可是，在当代节奏迅速、竞争激烈的社会中，女人的幸福也成为了一门学问。因为我们需要面对比男人更复杂的社会关系：在单位要独当一面，在家庭里要做贤妻良母，在老人面前要做孝顺女儿，在社会上要保持一个好形象。有一个环节出现差错，就会与幸福失之交臂。

阅读林徽因，见到的是一个天生丽质、聪慧绝伦、才华出众、气度不凡的女子，更是人生五彩缤纷的情愫。本书从林徽因的爱情观、婚姻观、友情观、事业观、生活观为出发点，细说幸福的真谛。

其实，每个女人都是独一无二的，任何人都不可能成为别人，林徽因是一个完美的梦。但是，我们都拥有学习和自我完善的能力，都可以成为更好的自己。学习林徽因的幸福理念是，借鉴她丰富的人生阅历，经营内在的自己，和谐外在的环境，做有智慧的幸福女人。心情安好，便是晴天。

徐志摩说:"一生至少该有一次,为了某个人而忘了自己,不求有结果,不求同行,不求曾经拥有,甚至不求你爱我,只求在我最美的年华里,遇到你。"

PART 1

幸福女人的起点:你是我最初的年华

第一课：最美的时光遇见你

◇ 我爱你，无须理由

有人说，爱上一座城，是因为城中住着某个喜欢的人。其实不然，爱上一座城，也许是因为城里的一道动人风景，为一段青梅往事，为一场锦瑟流年。就像爱上一个人，无须任何理由，没有前因，无关风月，只是爱了——一如林徽因和徐志摩。

1920 年 9 月，年轻才子徐志摩从美国到英国，他为了结识狄更生先生，首先拜访林长民（林徽因的父亲），并因此而结识了林徽因。一个是风流倜傥的才子，面容俊俏、风度儒雅、气度不凡；一个是不食人间烟火的闺中小姐，风情温婉、空谷幽兰。两人相识相恋，共谱康桥之恋，一切自然而然。

在英国伦敦，林徽因遇上了徐志摩，她生命中第一个爱上的男子。无论是缘是债，是悲是欢，是甜是苦，都要学会尝试，学会开始。

把握每一个开始,在最美的时间做最美的事情,这是林徽因教给我们的幸福。

现代社会,每个人都步履匆匆、忙忙碌碌。20 岁的时候做着 30 岁的事情,30 岁的时候想着 50 岁的事情。他们敢于尝试事业中的每一个不可能,偏偏不敢尝试爱。

还记得大学闺密,人很漂亮,气质也好,学习文艺样样积极,这样的人儿在大学自然不乏追求者。可是每次和她说到感情问题,她就避而远之,总是说:"大学毕业以后再说吧。"毕业后,再问她,她会说:"工作稳定以后再说吧。"等找到工作了,她还会说:"等 30 岁以后再说吧。"之后,就不敢再问了,因为好怕她回答:"等下辈子再说吧。"

于是,我的孩子 6 岁了,她还是单身贵族。

最近,我问她:"还不找男朋友吗?"

"呵呵,我已经习惯一个人了……"

人,最怕就是习惯孤独的时候。她还是那么美,可眉宇之间的哀伤、语气中的无奈是怎样也掩盖不住的。

其实,人都是想要爱的,毕竟,没有谁愿意不幸福!年轻的时候,不是不屑于爱,而是不敢爱。爱是蛊,每个人都怕中毒,于是错过了,遗憾了,后悔了,却再也回不去了。

相爱需要勇气,就像林徽因那样,她与徐志摩相恋的时候只有 16 岁。蝴蝶飞不过沧海,没有谁忍心责怪,许多人就这么爱上了。爱了

初心不忘　流年不负

就要勇敢说出来，勇敢去做。最可悲的爱情莫过于还没开始，就已经结束。也有很多人以不合适为借口，把自己保护得完整无缺。可是，如果连尝试的勇气都没有，你又怎么知道是否合适呢？也许有人以怕受伤为理由，将自己的心守得死死的。可是，你如果不迈出第一步，又怎么会知道爱情的苦和甜呢，纵然爱过只剩伤心，但至少它教会你成长。

流年似水，太过匆匆，一些故事来不及真正开始，就被写成了昨天；一些人还没有好好相爱，就成了过客。当我们再回过头去看的时候，一路上走过的风景，记得的还有多少？曾经陪伴同行的人，身边还剩几个？所以懂得勇敢，宁愿过错，也不要错过。过错，会遗憾一时；而错过，则是遗憾一生。

◇ 爱是两颗心的相互吸引

人们始终认为，林徽因真正的爱情给了徐志摩。初恋是纯粹无私的，甘愿交付所有的美好、一切的喜悦。

他们在一起的日子，连上天都为之动容。伦敦的雨雾好似在有意营造一种浪漫的氛围，每一天都那样若有似无地飘着，无休无止。林徽因和徐志摩坐在温暖的壁炉前，从文字到音乐，从现实到梦境，从昨日到明天，他们总是有说不完的话题。林徽因爱徐志摩温文尔雅的气质，徐志摩爱林徽因纯粹美好的思想。彼此之间只需一眼，便会心湖荡漾。

和喜欢的人在一起，度年如日；和不喜欢的人在一起，度日如年。林徽因和徐志摩大抵如此。喜欢了，就珍惜；不喜欢，别勉强。爱情其实很简单，如是而已。

没有谁和谁是天生注定在一起的，一辈子其实不长，能遇见一个你爱他，而他又爱你的人，是多么幸运的一件事情。一辈子只爱一个人，并不丢人。

爱并不是缺了就找，更不是累了就换。真正的爱情是在能爱的时候懂得珍惜，在无法爱的时候懂得放弃。

可是在当今这个物质财富泛滥的年代，现代社会的男男女女，好多人已经不知道什么是爱了，他们把爱建立在"合适"的基础之上，而非相互之间的吸引。真正美好的爱情是不可以建立在任何物质基础上的，爱情需要彼此互相包容，相爱的两个人彼此一定有一种奇妙的吸引力。当你选择一个人的时候，不要只考虑他的经济背景，更多的则是要看重你自己的感觉。

也有一些女人常常将爱情视为一种被动的情感，只有当自己被爱时，才能肯定自己的存在，于是接受对方，进而结婚，一生就这样过去了。如果说因为有人喜欢你，你就心甘情愿地嫁给他，这种想法简

初心不忘　流年不负

直太荒谬了。有些人对你的爱只是因为他占有欲极强，有些人则是忌妒心很重，他只是想将你占为己有，借以满足自己的欲望，一旦得到你，他的新鲜感就会消失，进而冷落你甚至背叛你。

爱情是双向的，既不是一方无私的牺牲，也不是一方单纯的占有，而是在彼此相互吸引的基础上建立起来的精神共同体。不违心奉献，不虚假接受，保持本色自我，是爱情永恒的真理。一如爱尔兰诗人罗伊·克里夫特在《爱》中所写的：

我爱你，

不光因为你的样子，

还因为，

和你在一起时，

我的样子。

我爱你，

不光因为你为我而做的事，

还因为，

为了你，

我能做成的事。

我爱你，

因为你能唤出，

我最真的那部分。

爱情的真谛是自始至终，永远真实地表现自己。不要为了得到对方，而伪装自己，否则当面具卸下的那一刻，彼此就将成为陌路之人。

◇ 做个幸福的小女人

林徽因和徐志摩在康桥深刻浪漫地爱了一场。也许只有康桥，才给得起他们美丽的相逢。他们曾经偎依在桥头，筑过彩虹般的梦，曾经一起将船只划向浩渺的云水，以为这样就可以不记得来时的路。

康桥，徐志摩和林徽因的康桥，世间无数红绿男女的康桥。康桥，给过他们美好的相拥，留下他们华丽转身的背影，也记住他们多情的回眸。

康桥上的林徽因永远是一副小鸟依人的模样，浪漫纯真，美丽至极，也幸福至极。

其实，每个女人都有一个终极梦想，那就是，遇到那个他，做美丽的小女人，然后一直幸福下去。

然而，现代社会的进步放宽了女人在社会上的立足点，让原来只

初心不忘　流年不负

能在家的女人们都有走出来选择工作的权利。日前，美国《新闻周刊》新闻网以"中国女性比美国女性'更具野心'"为题公布了一项研究结果。文章称，在受过高等教育的美国妇女中，仅有略超过三分之一的人称自己很有野心。在中国，这一数字接近三分之二。此外，超过 75% 的中国女性渴望获得企业高管的职位，而美国的这一数字仅为 50% 左右。中国"女强人"越来越普遍。

不过，"女强人"身上好像被施了魔咒，大多数女强人和美满的爱情、婚姻无缘。虽然她们能够制作出完美无缺的策划方案，虽然她们的铁腕使自己能够在竞争中开疆破土，勇往直前，甚至无往不胜，虽然她们的冰颜可以使自己的下属安分守己、如履薄冰，但是她们冰冷的外壳、盛气凌人的架子使她们疏远了自己的爱人、朋友，使自己变成了空中楼阁或孤家寡人。

女强人有自己的思想和主见，不会轻易丢掉身上的这些特质。女人的种种强势往往会给自己的男人带来压迫感。男人在女强人身上找不到确定的权威感，于是，这些"强势"让她们的男人汗颜，更感到无法驾驭，找不到"征服"的快感。如此下去，要么夫妻冷战，要么用身体或情感出轨，从别的女人身上找到"征服"的快感。

其实，男人的内心是很脆弱的。当他们在满身疲惫的时候，最希望得到的是女人温柔的安抚，真正完美的幸福是不存在的，幸福本身就意味着包容和妥协，而妥协的最高境界就是感性加糊涂。无论任何时候，女人都要保持阴柔之美，这本就是女人的天性，也是爱情美满、生活幸福的必要元素。无论你在外面的事业多么成功，回到家里都要学会把聪明与睿智藏起来，做个小女人，如此，便能幸福！

第二课:我们都信浪漫传说

◇ 世界上最美的地方是你的身边

所有相遇和回眸都是缘分,当你爱上了某个背影,贪恋某个眼神,意味着你已心系一段情缘。林徽因和徐志摩因缘相遇,因缘相知,因缘相恋。徐志摩最爱的是林徽因那双清澈入水的大眼睛,只要一对视,便心驰神往。

后来,他们知道,是因为爱了,爱了才会如此。爱了才会闻风柔软,看雨生情;爱了才会希望时间永远停留,夜永远不黑。真爱了,许多思想,许多心境,都会不由自主,情不自禁。这是情到深处,这是浪漫相守。

爱情是需要浪漫的,需要两个同样用心的人,去经营、去呵护。人总是这样,没走到一起的时候很好,走到一起,时间一久就会感情变淡。既然有所谓的日久生情,同样也会日久生厌。当激情褪去,两个人就像彼此的左右手，双方的一举一动、一言一行都了如指掌，一旦神秘感与新鲜感暴露无遗，自然逐渐走向下坡路。

爱情有保鲜期没错，但是如果用心经营，保鲜期将会是一辈子。爱情变淡，不是爱情本身的原因，而是因为人变了，环境也变了。我们不妨反省一下，在爱情中我们是不是变懒了，从一天好几个电话和一天好几条短信，变成了许久没有踪迹；从激情四射，变为了而今的沉默寡言，就算是通话，那也绝对不会超过七分钟：七分钟有四分钟是沉默，三分钟则是简简单单的家常话。

就像很久以前看到的一个例子，在某个聚会的场合，有人提议多吃点虾对身体好。这时候有个中年男人忽然说："十年前，当我老婆还是我女朋友的时候，她说要吃十只虾，我就剥二十只给她。现在，如果她要我帮她剥虾壳，开玩笑！我连帮她脱衣服都没有兴趣了，还剥虾壳咧！"

看，这就是爱情变淡的原因。如果每个人都懒得讲话，懒得倾听，懒得制造惊喜，懒得温柔体贴，那么情人或夫妻之间又怎么会不渐行渐远渐无声呢？

生活需要浪漫，爱情需要惊喜。在一个有蓝天白云的晴天，到郊区去。找到一座荒草丛生的小山，躺在草地上，看着天上的白云朵朵。玩儿时的游戏，指着天上的云朵，说这朵云像一头小绵羊，那朵云像一只小兔子；当你的男友需要加班到很晚时，为他准备一个点心盒，

初心不忘 流年不负

里面放置他喜欢的食物，比如巧克力、饼干……

我们不去管林徽因和徐志摩的结局，但是有一点我们可以深信，他们在一起的每一天都是诗一样的日子。"康桥之恋"听起来是那么唯美，足以让人铭记一生。所以，即使两个人最终没有走到一起，但是那段情已让他们无怨无悔。我们也该如此，只要彼此还在一起，那就把每天都当作最初相识的时候，世界上最美的地方是有你有我的地方。愿意为你，浪漫一生。

◇ 我懂你，是最动听的情话

有人说，相爱的人厮守在一起连光阴都是美的。我相信，说这句话的人一定拥有过美好的爱情，唯有真爱过才可以深刻地体会到那种拥有以及被拥有的甜蜜。仿佛山川草木都有了情感，每寸肌肤都可以在清风朗月下舒展。爱的时候会发觉自己是最幸福的人。

徐志摩这一生爱了两个极致的女子。一个是林徽因，独爱成绝的白色。一个是陆小曼，激滟风情的红色，仿佛要尝遍红尘百味。林徽因是清新的，她始终如莲，而徐志摩视林徽因为心中最洁净的女神，他用最清澈、最柔情的心将其呵护，他要这朵白莲永远洁净如雪。

徐志摩为了林徽因在康桥徘徊又徘徊，跌进夜色的柔波里。那时的林徽因当真是爱了,所以她愿意和徐志摩在康桥上相拥,一起许下诺言。徐志摩一定对她说过:"我懂你像懂自己一样深刻。"而林徽因一定也纯净地看着他,点头道:"我信。"是的,爱情有时候不需要太多华丽的辞藻,只那么简单的几句就足够。世间一切情爱,都有因果,是债是孽,以后自有结局。一些人,明知不该爱,还是要去爱;一些错,明知犯下会不可饶恕,却还是要坚持继续错下去。

世界上,最动听的情话,是"我爱你"吗?不是的,是"我懂你"。爱有一时,庆幸的话则是一世。多少人的爱败给了时间、空间或者其他。然而一个"懂"字却是永恒的,懂你的性,懂你的情,懂你的一切。因为懂得才会更加珍惜。纵然情到浓时天雷地火,但"爱"的最高境界依然只一个"懂"字。

懂你的人,会用你所需要的方式去爱你。不懂你的人,会用他所需要的方式去爱你。于是,懂你的人,常是事半功倍,他爱得自如,你受得幸福。不懂你的人,常是事倍功半,他爱得吃力,你受得辛苦。

人世间,那些彼此折磨得最疼的男女,不是因为不爱,而是因为不懂。男人觉得女人什么都不懂,女人觉得自己什么都懂。男人觉得女人不懂自己的心,女人觉得那是因为男人不懂自己的苦心。两个人的世界里,懂比爱,更难做到。

《那些年我们一起追过的女孩》结局是那样圆满,圆满得让人心疼。嫁给别人的沈佳宜是幸福的,只是这个幸福与柯景腾无关。她找到了

初心不忘　流年不负

一个懂她、珍惜她的人,这个人代替柯景腾继续去爱她,陪着她一直走下去。沈佳宜和柯景腾之间不是不爱,而是不懂。

所以,让懂你的人爱你,一个人若不能真正做到懂你,那他的爱越深、越沉,结局也会越悲伤。

◇ 优雅,穿透岁月的美丽

林徽因是静坐在云端之上的女子,面对感情,她始终可以保持一种平和的心态。纵然爱到深处,也可以做到平静地别离。任何时候,她都可以让自己优雅地行走,不会将自己逼到落魄的境地。穿一袭素色白袍,走在人间四月,等待一树又一树的花开。春天早已远去,她却还在。

林徽因和徐志摩,两个像诗一样的人物,用诗样的语言交流,执手相携,阅尽人世繁华,走过世间旖旎的风光。万古不变的青山,滔滔不尽的江水,林徽因在爱情路上的淡然和优雅,恐怕就是让徐志摩爱到极致的原因。她似醇酒,爱上方知情重,醉了方知酒浓。

爱一个人,七分足以,剩下的三分用来做自己。爱情中最甜的无非是难分难舍、牵肠挂肚,而有空间的爱情则会产生最大的相思效果。

最完美的爱到底是什么样子的?这实在是一个很难回答的问题。

爱中既有保护的成分又有担忧的成分。我们不会眼睁睁地看着爱的人受伤，也不会看着他们面临危险而无动于衷。但是置身其中，一定要适度。

距离太近会让人喘不过气，距离太远又觉得彼此遥不可及。在爱情里，我们都想成为对方的唯一，都想让对方分分秒秒地想着自己。可是人们的生活中除了爱情，还会有亲情、友情和工作。当一个人的生活真的只剩下爱情的时候，他的生活一定是空荡荡的。

我们担心别人，很多时候是因为内心的占有欲作祟。别人甘愿让我们担忧，是因为别人的控制欲作祟。所以，男人喜欢胆小的女人，因为胆小的女人希望被别人保护，男人企图通过保护女人来占有女人，女人企图通过让男人担心来控制男人。"忧之切，则害之深"，担忧要多少分量才能恰到好处，要视接受者的性格和能力而定。坚强、勇敢的人即使面对大量的关心也不会沉湎其中；个性懦弱的人却很容易掉入关爱的陷阱里，越陷越深。

无论我们多爱一个人，都不要尝试占有他的全部，也不要企图令他与所有异性断绝来往，迫得太紧的爱情，通常都会得到反效果。如果他真的爱你，也必然会留在你身边，那么容易就离你而去的男人，也不必挽留，迫得太紧，再深厚的感情，最终也会变淡。

真正幸福的爱情是给对方足够的空间和自由，让双方放松的爱情才会长久，没有人愿意背着负担过一生。一味地占有只会给对方压力，

初心不忘　流年不负

爱情也会随着每日剧增的压力而变质,最后变得力不从心。

我们偶尔要与对方保持一定的距离,守护着爱的人,宽容爱人,也善待自己。与其让爱情变得紧张,不如给自己一段能让彼此自由呼吸的爱情,这样大家才能更快乐地生活在一起!

第三课：相惜没有那么难

◇ 你是我眼底的依恋

朦胧中我看到你靓丽的身影闪现，徘徊在初春细雨中向我微微招手。情是两个人的事，当徐志摩和林徽因在一起，手牵手漫漫走过康桥，路过夕阳西下，共同创造美好回忆，两人默契相和、心灵相通，收获同一份别致的美丽。

有很多人问到底什么是爱情，我想，没有人能给出一个明确的定义，因为爱情本来就是千奇百怪的，两个人之间发生的那些快乐或忧伤的爱情故事也不尽相同，心里的感受也会不一样。但是，爱情在某些方面是相同的，比如平等付出。"康桥之恋"那么美，美得不像人间的故事，就是因为两人在爱时，相互依恋，共同付出，连心跳都融为一体。

爱，需要两个人一起努力地维系。爱是因为相互欣赏而开始的，因为心动而相恋，因为宽容、谅解、习惯和适应才会携手。爱情也是

初心不忘　流年不负

一种宿命。

生活中依然存在一种十分常见的爱，即只一味地索取，却不付出。很多人带着目的去"爱"别人，通过从别人那里汲取生命精华、爱之精华，来得到自己想要的东西或实现自己的目标。这种人享受着别人的奉献，压榨着别人的生命，用他人的血液灌溉自己，而被他剥削的人日渐消瘦、形如枯槁，他自己却日益殷实、健壮非凡。这种人自认为爱着别人，为别人付出着，其实他们关心的只有自己，他们的本质极端自私，不得不说，这是一种性格缺陷。这种缺陷通常伴随着对权力的欲望，对世界的征服。带有这种性格缺陷的人，往往不能理解幸福的真正内涵，他们无法全面地认识让人感到幸福的原因。实际上，幸福最重要的构成要素之一就是彼此互爱、相互关心，这是得到幸福的处方，也是实现共同幸福的出发点。

因此，完美的爱应该让付出爱和接受爱的双方都充满生命的活力，既让人欣然地接受又甘心地奉献。每个人都因爱而幸福，世界才会更加美好，人们才会更加快乐。人追寻爱的过程就如同一场接力赛，在这个过程中，我们不能只接受爱，还要把握在手里的爱传给下一个人，只有让每个人都得到爱，爱才能发挥它最大的作用。

爱情是两个人的事，同一依靠，同一颗心在跳，让我们一起分担。微风拂袖，点起碧波涟漪，静坐依偎，一个整体，两颗心共同的努力。

/ 林徽因教你做幸福女人 /

◇ 因为值得,所以深爱

从大学时代开始就很喜欢一部影片,中文名字叫作"女男变错身",最后男主角对女主角告白时说的一句话,让我记忆尤深,即使到现在也把它当作自己的爱情观。那句话就是:"你让我知道,我可以变成更好的人。"是的,真正的爱情是:彼此为了对方成为更好的人,也鼓励、帮助对方成为更好的人,学会懂得和付出。然后一起进步、一起变老……这样的感情才恒久、才幸福。

林徽因和徐志摩因缘相遇,后来因情相爱,而点燃彼此情结的就是双方的才情。16 岁的林徽因遇到成熟稳重、才华横溢的徐志摩怎会不心动?而徐志摩也为林徽因打开了一扇通往英国古典文学知识宝库的大门。

后来,林徽因在中西方两种文化的熏陶下尽显风华。在风景如画的康河边,浪漫多情的徐志摩遇见俏丽优雅的林徽因,心动情开,甘愿一生呵护。

于是,我们得到启示,爱一个人,不该带有任何目的,但也不要盲目地去爱,爱一个人总该有些理由,即使是"一见钟情"也是因为对方的貌,或者是对方给你的感觉。相爱的人那么多,各有各的因缘。然而,有一点却是共通的,因为对方身上有吸引你的地方,或人品、

或才学。而很多时候，我们之所以被某件事物吸引，恰恰是因为我们本身不具备或缺少那样的东西，所以，我们选择去追求，通过日积月累，受到感染，成为不断接近幸福的人。所以，爱一个值得你爱的人，会让你变成更好的人。

曾看到这样一句话——妈妈说："这个世界上，没有人值得你为他哭泣，真正值得你为他哭泣的那个人是不会让你为他哭泣的。"然而，找一个值得你爱的人去爱，不管是亲情、友情，还是爱情，你会发现，值得你爱的那个人，就算你为他哭泣也会是幸福的。真爱未必要激情燃烧的温度，但是，他会陪你走过人生路上的所有风景，无论好的还是坏的，他都在。

真正爱你的人懂得尊重你，他对你的爱比他要求你的要多，他尊重你做出的各种人生选择，鼓励你发展自己的专长。

爱情是两个人的事情，如果他不值得你爱，那么请及时放手，不要耽误双方的幸福。如果他值得你爱，那么，请用心去爱，关心他、守护他。就像那首歌里所唱的："等到风景都看透，也许你会陪我看细水长流。"

◇ 因为爱你，所以想成为更好的人

据说，上天对人是最公平的，给了你非凡的才，就不给你倾城的貌，即便给了你才与貌，也不会再给你圆满的爱情。然而，对于林徽因,上天似乎尤为钟爱。不仅赋予她绝伦的美貌,也赋予她超凡的才情,她是诗人、设计师、建筑学教授。在感情上,她依然圆满,几乎令所有女人忌妒。著名诗人徐志摩对她爱到超凡脱俗;大哲学家金岳霖对她用情极深,一生"逐林而居",终身不娶;建筑大师梁思成偕她成为中国建筑第一人。

林徽因才、貌、情三者兼得,是人间的精灵。这人世间除了林徽因,恐怕再没有女子有福分消受此美、此情、此爱!

她是一个令同性也不由得热爱的女人,她的美貌、她的才情、她的豪爽和她的睿智……无一不是"夺人心魄"的理由。她从来都是以一位才女的形象进入人们的视线,她不仅在建筑界功绩卓著,也在文学界留下了传世杰作。她情趣盎然地迎来送往于自己的会客室,视任何一个得意或失意的来客都为自己和夫君最尊贵的客人。她的茶点永远最精致可口,她的情趣永远丰富多彩、她的言辞永远妙语连珠……我们因为她的才情爱她,这个人间的精灵也因为才情幸福一生。

一个女人的美有两种表现,外在美和内在美,而林徽因则是两者兼得、内外兼修。然而,在这两种美中,更持久的是内在美或者说气质美。

现代的社会中充满了各种诱惑,如果女性认为仅靠忠厚老实、安分守己、温柔体贴,就能永远抓住男人的心,那就大错特错了。

男女间沟通的内容及分享的能力,对于一份感情的维系是很重要

的。身为女性一定要不停地充实自己，让两人的感情常保新鲜。

女人要充实自己的知识和修养，多尝试、多经历，拓宽自己的眼界。一个阅历丰富的女人，其魅力是不可阻挡的。有些女人年轻的时候，并不见得有多美，但是时间越久越见美丽，越是有女人味，就像张曼玉和刘嘉玲。

另外，一个女人的美丽主要在于特有的气质美。气质美首先表现在其丰富的内心世界。理想是内心丰富的一个重要方面，因为理想是人生的动力和目标，没有理想的追求，内心空虚贫乏，是谈不上气质美的。品德是气质美的另一个重要方面。为人诚恳、心地善良是不可缺少的。此外，要做一个内心安然的女子，待人接物热情而不轻浮，大方而不傲慢，能忍辱谦让，关怀体贴别人，表露出一种高雅的气质。而富有感情的人，在气质上当然更添风采。

在爱情或者婚姻中，要找什么样的人，要看你是什么样的人，想让对方变成更好的人，首先自己要有这份感召力。一个足够优秀的女人，她的爱情也不会差到哪里去。一个有激情、有创意的人，无论是一个人、还是两个人，无论是三年，还是五年，他们的生活都是丰富多彩的。

无论是为了对方还是为了自己，把自己变成更好的人都是极重要的。

第四课：有一种爱情穿越时空

◇ 我们是彼此唯一的信仰

一位是风流倜傥、才华横溢的青年诗人，知识渊博、谈吐风雅、仪表堂堂；一位是纤细美丽、才情并茂的花季少女，明眸皓齿、亭亭玉立，面颊上带着几分红晕。一双弯弯的笑眼，秋水盈盈，最是那腮边的两个酒窝，深深的，藏着无尽的青春美丽。郎才女貌，天造地设，莫过于此。于是，那一次不经心的遇见，一个偶然的巧合，开始了他们的相识、相知、相恋。

徐志摩曾为林徽因写下这样的诗句："我是天空里的一片云，偶尔投影在你的波心。你不必讶异，更无须欢喜，在转瞬间消灭了踪影。你我相逢在黑夜的海上，你有你的，我有我的，方向。你记得也好，最好你忘掉，在这交会时互放的光亮。"

徐志摩和林徽因的爱情如诗一般美丽，就是因为爱那么美，所以

初心不忘 流年不负

他们格外珍重这份美好，细心呵护。他们的爱情浪漫、自由、平等。除了这些以外，我一直认为最重要的是两个人相互信任。

不少人把徐志摩定位成一个花花公子的形象，在这里，我们姑且不论这种说法是真是假。但是当林徽因和徐志摩相恋的时候，有一个事实是肯定的，徐志摩当时已经结婚，而林徽因在这段爱情中最聪明的表现是——完美演绎红颜知己的角色。爱时深爱，不在乎天长地久，只在乎当下拥有；爱不下去时则淡然离开，不流连忘返。面对徐志摩，林徽因永远是温婉可人、端庄得体的。其实，忌妒本是女人的天性，一个女人总会有意无意地和另外一个女人比较，无论对方是否比得上自己，但是当情人或爱人说出自己更好或更重要的话，那心里一定是喜悦的。可能这就是女人的虚荣心。但是林徽因从来不会问徐志摩关于婚姻、张幼仪的事情，更不会把自己和张幼仪放在同一个天平上比较，因为她信任徐志摩、也相信自己。信任源于爱的碰撞，一种来自灵魂深处的相互默契。当一个人能感到别人爱的时候，那么离猜疑就越来越远了。

林徽因和徐志摩的爱情一直是近代史上的美谈，爱情就是相互信任，容许对方在两个人的世界里任性、毫无顾忌。

有很多女孩子喜欢把她们的男朋友和别的女孩子放在一起，以考验男友的忠诚。当然，一份经得起考验的爱情是很美的，但是爱情是很脆弱的，绝大多数的爱情都很经不起考验，然而，很多时候，当人们认清这点的时候，已经为时已晚。

◇ 相爱未必长相守

我们曾为一场康桥之恋感动不已，又为那一次刹那的别离而黯然叹息。事实上，我们也只不过是看客，至于林徽因选择和谁在一起，与我们没有瓜葛。林徽因生命中的三个男子，每个人都会有所偏爱，因为在他们身上体现着不同的人格魅力。然而，通过林徽因的选择，我们可以得到启示。有些人用来相爱，有些人用来相伴，爱一个人未必要拥有，只要知道他在，知道他好，足矣。

徐志摩充满了对自由爱情的幻想，他可以温柔到极致，也可以无情到冰点。他的心灵洋溢着"美与爱"的感情。他精力充沛、充满魅力，但有些难以捉摸。他的兴趣广泛却不专一，道德感也并不稳固，没有一定之规。他痛恨受强力控制、被环境束缚。在不如意的情况下，他会从心理上逃脱到愉快的幻想中，变得浮躁、任性、低俗，甚至胡作非为。

徐志摩在紧追林徽因时，发现前来寻他的张幼仪已经怀孕，竟毫不犹豫地说："把孩子打掉。"那年月打胎是很危险的。张幼仪说："我听说有人因为打胎死掉的。"徐志摩却回答："还有人因为坐火车死掉的呢，难道你看到人家不坐火车了吗？"这就是徐志摩，他的信仰单纯、

初心不忘　流年不负

简单，一个是爱，一个是自由，一个是美！所以他最大的优点是随性自由，最大的缺点也是随性自由，和这样的人在一起是浪漫的，但也是不安全的。他太自由，爱一个人时会义无反顾，但是如果不爱了，会完全无视道德束缚，立刻转身离开。爱情开始时是激情的，但最后都会随着时间慢慢变得平淡，升华为亲情，而浪漫如徐志摩，他是很难接受这样的生活的。

林徽因是安安分分的现实主义，而徐志摩却是高歌呐喊的浪漫主义。所以，她的家庭背景、教养，以及她天生的理智，都促使她做出最明智的选择，在浪漫洒脱的诗人与稳重儒雅的建筑学家之间，她一定要选择脚踏实地的那个。引用梁从诫先生的话来说："徐志摩的精神追求，林徽因完全理解，但反过来，林徽因所追求的，徐志摩未必理解……"

梁思成也罢，金岳霖也罢，都是那种有一副宽厚温暖的胸怀，可以让女人依靠一生的男人。林徽因在北京城墙上的坚持，尽显一个建筑学家的执着与刚烈，但是，再刚烈的女子，恐怕也无法避免对身后有一副坚实臂膀的期待。这种说不清的东西，就是一个男人的责任。

林徽因是幸福的，让徐志摩怀想了一生，让梁思成宠爱了一生，让金岳霖记挂了一生。而这幸福的所在就是，找一个对的人彼此相爱，找一个合适的人共同生活。两个相爱的人未必能相伴到老，相濡以沫，不如相忘于江湖。

◇ 第三种爱情：友谊之上，恋人未满

人们都说，一个幸福的女人生命中会出现三种角色的男人——情人、爱人和知己。一个聪明的女人会找浪漫的人当情人，有责任感的人当爱人，懂自己的人当知己。

林徽因是幸福的，心底恋人，合适伴侣，蓝颜知己。人生情感的几种经历她都尝到过，且恰到好处，收放自如。

据说，徐志摩的前妻张幼仪从来没有怪过陆小曼，但她心里却怨过林徽因。不是因为林徽因拆散了她与徐志摩的婚姻，而是怨林徽因和徐志摩既然相爱，却没有勇气和他在一起。可见张幼仪对徐志摩自始至终都是痴心一片，她的爱不惊不扰，却足以令人落泪。

然而，林徽因放弃徐志摩，并不能说林徽因自私懦弱，只是每个人对待爱情的方式不同，有的爱得清澈，有的爱得平和，有的爱得热烈。她不是张幼仪，要唯唯诺诺地爱徐志摩一辈子；也不是陆小曼，对徐志摩爱到粉身碎骨也在所不惜。她是一个清淡如莲的女子，在浪漫美丽的爱情和现世安稳的婚姻面前，无悔地选择了后者。

当她从康桥之恋中逃离而出，她依旧淡定自若，没有谁看得出她的悲伤。当梁思成为她情难自禁时，那个被抛在天涯的徐志摩正在为

初心不忘　流年不负

她神魂颠倒。他无奈又深情地对林徽因说："如果有一天我获得了你的爱，那么我飘零的生命就有了归宿，只有爱才可以让我匆匆行进的脚步停下，让我在你的身边停留一小时吧，你知道忧伤正像锯子锯着我的灵魂。"难道林徽因真的铁石心肠、无动于衷吗？不是的，她比任何人都懂，懂他的浪漫与痴情，只是她给得起徐志摩灵魂的归宿，却给不起现实的安稳。而徐志摩亦然。林徽因知道，如果和徐志摩在一起，人生之路会更加逼仄狭窄。以她的聪慧，宁可亲手扯断命运之线放开心怀，让自己海阔天空。徐志摩本身就是一团火焰，林徽因清澈得就像一汪幽泉，无论他们多么相爱，始终不能满足他内心的热望。一个热情似火，一个温情似水，他们的爱情从一开始就注定了结局，相爱不相守。

然而，林徽因是何等清澈的女子。她是一个再聪明不过的人，把一切都看得清清楚楚。她不愿背负过去，只想平和地活在当下，告诉所有的人，她一如既往的美好，永远不会让自己错到不可收拾的地步。然而那些逝去的美好不曾遗忘，只是被理性地搁在心底，只有在无人的夜晚她才会独自想起。

徐志摩是林徽因生命中的第一个男子，他给了她所有诗意浪漫的美好想象，所以林徽因会将他珍藏在内心最纯净的角落，不轻易对人提起。徐志摩也并未因为有了陆小曼而将林徽因从生命中剥离。他对林徽因的爱不会因为任何人而更改，那片真情也犹如玉壶冰心，藏在灵魂最深处。

  有一种感情是用来怀念的，叫作初恋；有一种爱情是用来默默守护的，叫作心底恋人。而幸福的女人则是清淡如水的女人，对逝去的美好，会遥相守望，会深深祝福，会珍惜这第三种爱情——友谊之上，爱情未满。

是谁笑得那样甜,
那样浓,那样圆转?
一串一串明珠
大小闪着光亮,迸出天真!
清泉底浮动,
泛流到水面上,
灿烂,分散!

结婚前,梁思成问林徽因:"有一句话,我只问这一次,以后都不会再问,为什么是我?"

林徽因答:"答案很长,我得用一生去回答你,准备好听我了吗?"

PART 2

幸福女人的晋级:

走入婚姻这座城

第一课：我们在时光里沦陷

◇ 婚姻，是我对你一生的承诺

在花样年华里，那些路过我们心上的人和事，在时光的流转中都已渐行渐远。一切人和事都抵不过一场叫作时光的沦陷。

随着时间的流转，我们渐渐明白，安稳比爱情对一个女人来说更重要。真正爱一个人，是成全她的一切，容忍她的一切。会在她哭泣时递上一块手帕，下雨时给她撑一把油纸伞，寒冷时给她一个温暖的臂弯，会为她削一辈子梨，会在她需要的时候永远陪在身边。世间平凡女子需要的就是这般寻常的爱，一种烟火的幸福，不浓郁，但却经久不衰。这样的幸福，林徽因找到了。

林徽因此生最值得庆幸的事情就是，与知她、懂她并深深爱着她的梁思成结合。没有梁思成的大度和深爱也就没有林徽因的幸福和令人称道的爱情佳话。可以毫不夸张地说，没有梁思成就没有我们今天所看到的林徽因。

梁思成不会不明白林徽因和徐志摩之间微妙的感情，但他知道，林徽因是那颗璀璨的星，她的光芒令许多男子仰望。他没有徐志摩那样浪漫，但是却给林徽因一种踏实自在之感。他们之间没有多少风花雪月，有的只是平常的快乐。

婚前，梁思成问林徽因："有一句话，我只问这一次，以后都不会再问，为什么是我？"林徽因答："答案很长，我得用一生去回答你，准备好听我了吗？"

是的，一辈子那么长，细水流长的爱情比浓郁似火的爱情更持久，真正的"良人"是陪你经得起平淡的人，是对生活负责的人。

责任是爱情、婚姻里必不可少的东西，婚姻白头偕老的关键，在于承诺与责任感。然而责任感不仅是对男人而言，对女人也不例外。所谓责任便是男女双方要对自己的小家庭共同承担的义务以及享有自己在家庭中的权利。这其中包含妻子对丈夫的权利和义务、丈夫对妻子的权利和义务。一个人，在选择成家的同时也就意味着选择承担家庭的责任。家庭成员之间不是服从与被服从、主要与次要的关系，他们是平等、互爱的关系。家庭和社会、单位的不同之处就在于家里充满自觉的爱，这样的爱来源于每个家庭成员无私的奉献，源于对家庭的责任感。

每个人都希望有幸福稳固的家庭。很多夫妻不会把幸福和爱天天

初心不忘　流年不负

挂在嘴边，甚至没有情人节、没有结婚纪念日、没有拥抱亲吻。但是他们把爱融化在每一个平凡的日子里。他们相濡以沫、互相关爱、互相体谅，一辈子同甘共苦。他们平平淡淡地过着每一个日子，也恩恩爱爱地经历每一个日子。这就是牵挂，这就是责任。

◇ 适合自己的就是最好的

生活中，我们时常不能理解，许多貌美如花的女子为何会选择一个平淡无奇的男子。然而，许多时候是我们一厢情愿在感叹，而别人其实很满足、很幸福。这个男子一定是在某个方面打动了她，有着不为外人所知的长处。

在世人眼里，林徽因和梁思成又何尝不是郎才女貌，一起留洋深造，一起用现代科学方法研究中国古代建筑。诗情画意只能偶尔点缀日子，并不能当作生活的全部。真正懂得生活的人会知道，琴棋书画诗酒花只能一时怡情养性，柴米油盐酱醋茶才是触手可及的幸福。

婚姻就像一双鞋，鞋子穿起来舒不舒服，只有脚知道。无论什么样的鞋子，重要的是合脚；无论什么样的姻缘，最美妙的是和谐。别人看到的是鞋，自己感受到的是脚。脚比鞋重要，这是一条真理。脚只有穿上适合自己的鞋子，才能走得更远。反之，如果脚穿上一双不适合自己的鞋子，不仅给自己带来疼痛，还会阻碍自己的行程。

漂亮的鞋子穿着不一定舒服，会挤脚、会疼痛、会流血。但合适的鞋子就不一样了，它可能没有漂亮的外表，但它能包容你的脚，任你蹬、任你踹。你会觉得舒服，会感到幸福。所以，适合自己的就是最好的，婚姻也是如此。

婚姻和爱情不一样。恋爱时期，每天都充满了浪漫与温馨，而婚姻更多的是过日子，为生活琐事所累。两个人组成一个家庭后，每天过着柴米油盐的日子，互相慰问、互相照顾，一起努力、一起奋斗，一起相扶相持地走过漫漫人生路。

对女人来说，在选择伴侣的时候，一定要认认真真地去找，用心去感受。不要一味追求完美，更不要挑花了眼。金无足赤，人无完人，我们自己本身并不是绝对完美的，那又何必去苛求别人呢？

记得有一位名人曾经说过："人的一生会遇到四个人，第一个是自己，第二个是自己爱的人，第三个是爱自己的人，第四个是适合自己的人。陪自己走一生一世的人，不是自己爱的人，也不是爱自己的人，而是适合自己的人。"而一个人最大的幸福就在于——他爱你，你又爱他，或者不讨厌他，而且你们又彼此合适，这时，婚姻最好。所以，林徽因是掉在蜜罐里的女人，因为她的伴侣既适合她又爱她。因为现实原因，也许我们不能做第二个林徽因，但是我们的幸福同样不会少，只要我们找到对的人，找到合适的人。

初心不忘　流年不负

如果你有幸找到了那个人，就一定要珍惜。只有这样，才能使婚姻幸福美满，永不褪色。在婚姻中，如果只有一方付出，那么时间一长，对方得不到应有的关爱，婚姻也就失去了吸引力，幸福再好，也会坍塌。

◇ 我的幸福刚刚好

林徽因天资聪颖，不仅有让女人嫉妒的美丽外表、显赫的家族背景，更令一些才女们嫉妒的是她有一个世界上最宠她、最爱她的伴侣梁思成。不管是徐志摩生前的谣言还是他逝去后挂在林徽因卧房中的飞机残片，也不管金岳霖对林徽因是多么的一往情深，梁思成都以他的君子风度看待一切，不听信谣言，不怀疑妻子，一如既往地相信她、宠爱她。林徽因曾说过，"没有感情的生活不如去死"，这足以说明梁思成对林徽因的宠爱程度。哪怕她爱上别人，也站在她的立场，为她着想，把决定幸福的权利交给她。

一天，梁思成从外地回来，林徽因很沮丧地告诉他："我苦恼极了，因为我同时爱上了两个人，不知道怎么办才好？"

梁思成听了以后非常震惊，一种无法形容的痛苦笼罩了他，经过一夜的思想斗争，虽然自己痛苦，但想到另一个男人的长处，他毅然告诉林徽因:"你是自由的,如果你选择了金岳霖,我祝你们永远幸福。"

而林徽因听了他的话,不仅没有离开他,反而感动万分地对梁思成说了一句让世上所有男人都无法拒绝的话:"你给了我生命中不能承受之重,我将用我一生来偿还!"

林徽因,一个多么有韵味又特别的女人,在梁思成眼中,她原本就是谜一样的女子,如今更要为她这句话默默地守候呵护她一生了。

一个幸福的女人是在平实的婚姻生活中懂得感恩的女人,体验人生,还应尝试着体验感恩。

王子与公主结婚后,并不一定从此就能过着快乐幸福的生活,特别是现代的速食爱情,恋爱时的你侬我侬,却禁不起婚后朝朝暮暮的考验,婚前任情摆布,不曾或不愿睁大眼睛,婚后却恢复了理智,喜欢用放大镜检视对方。现代婚姻之所以平淡,是因为我们已经丢失了一种叫作感恩的东西,为着事业、家庭身心疲惫,在忙碌中迷失自我。房子变大,收入增加,真正得到的快乐却在减少,内心世界反而日益空虚。生活消磨掉婚姻的激情并不可怕,可怕的是我们没有了表达感动心情的意愿。

一段婚姻要获得真正的美满幸福,真理在于一个"恩"字!一夜夫妻百日恩,珍惜对方将一生的幸福交到自己手中,感激对方愿意冒生命中最大的一个险,与自己共创家庭。懂得感恩才能知福,唯有知

初心不忘　流年不负

福才会惜福。

人应该常怀感恩之心，越是我们亲近的人，越要感恩惜福。在失意的时候，有人关怀了我们，我们会感激他；在街上，有人冒犯了我们，我们会忽略他。可是，我们为什么独独不能以同样的善良、同样的宽容，去对待自己身边亲手选定的、用生命关爱我们一辈子的这个最亲密的人呢？

爱是人世间最温柔的语言，它没有华丽的外表、动听的语言，却可以表达最真实的情感。有了爱，就有了欢乐；有了爱，就有了幸福；有了爱，就有了生命中最美丽的风景。女人天生就是爱的俘虏，爱让女人看起来更有女人味。

女人因充满爱心而美丽，因懂得感恩珍惜而幸福。

第二课：守住当下的美好

◇ 幸福经不起攀比

爱是一场修行。在漫长而又短暂的人生旅途中，我们所能做的就是一路修行，最终得到一种所谓的圆满。爱是茫茫人海中不期然的相遇，是万家灯火里那一扇开启的幽窗。在爱恨迷离、冷暖交织的人生路上，每个人都沿着心中所期待的方向前行。世间风景万千，很多时候我们无法分辨清楚谁是你要的那杯茶，哪里才是你历尽沧海后的家。有些人看上去很好，却不能和你一起面对风浪；有些人看似浪子，却是你真正的归宿。而这一切，在你遇到人生的坎坷时，自见分晓。

在泰戈尔眼里，徐志摩和林徽因郎才女貌，是天造地设的一对璧人，或许在世人眼中，林徽因应该和徐志摩携手共赴红尘情路。只是他们不明白，林徽因想要的是一份真实的情感，是可以一起牵手漫步的温暖，是为他洗手做羹汤的简单幸福。

初心不忘　流年不负

现实生活未必同想象中一样,在不尽如人意的时候只需记住,人生从来没有绝对的完美。太过精致、太过完美,反而要惊心度日。我们都是最平凡的普通人,既然打算在人世生存,就不要奢求许多,不要问太多为什么。

梁思成没有徐志摩的浪漫多情,也没有他的诗情画意,然而,在幸福的定义中,从来就没有比较可言。

一个人好与不好,是相对而言的,哪怕全世界都认为他不好,但是你觉得他好,那么他不好也好;如果全世界都认为他好,但是你就是觉得他不好,那么他好也不好。所以幸福的人各有各的幸福,幸福不是比出来的,是内心的一种真实感受。婚姻也好,幸福也罢,经不起攀比。

在两个人的婚姻中,如果眼里总是看到别人的婚姻多么好,慢慢就会在心中厌倦自己、否定自己,甚至后悔当初的选择。别人婚后有房有车有收入,而我们却蹬着自行车为前途未卜的事业理想而奋斗;看到别人一家和睦,自己却经常和爱人为鸡毛蒜皮的小事而争吵。此时,请不要质疑婚姻,即使是同一事物,每个人看到的侧面不同,看法也会不一样。也许别人也在羡慕着你们的幸福。没有金钱、没有权势、没有地位的婚姻不一定不幸福。看看身边那些平凡的夫妻,看看他们脸上幸福的表情,原来他们过得一点也不比那些名人差。

其实,我们不妨想一想,在遇到不快时,第一个想到的人是谁,最想向谁倾诉；在生病的时候，是谁守在床边夜以继日地呵护和照顾你……除了父母，最亲的人就是你的爱人，夫妻感情本该是最牢不可破的，只要用心去经营。而攀比只会激发心中的怨气和怒气，最终把婚姻葬送掉。

◇ 婚姻是一场修行

男人在感情面前是自私的，面对林徽因，梁思成选择了宽容。都说金岳霖是痴情哲人，然而，梁思成的宽容，却更让人折服。追求林徽因的人不在少数，而能和这些追求林徽因的人都成为朋友，这样的人会是一个怎样的人物呢？也许仅仅说宽容，是不足以表达的。这不是故事里的人物，也不是传说中的人物，他是活生生的、历史中的人物。林徽因和梁思成，他们成就了最完美的婚姻。

婚后，梁思成曾诙谐地对朋友说："中国有句俗话：'文章是自己的好，老婆是人家的好。'可是对我来说是，老婆是自己的好，文章是老婆的好。"

一句简单的话，却道出了婚姻的真谛。婚姻中，两个人要相互包容，相互理解。包容既是对别人的释怀，也是对自己的善待。

上帝创造出男人和女人，这种天性决定了男人和女人在社会中要

初心不忘　流年不负

扮演各自不同的角色，承担彼此分明的责任。婚姻由男女双方组成，性格不一样，思维不一样，对事物的见解也不一样。男人的品格更加坚强，身体更加强健，言行举止也相对粗糙一些；而女人则比较温柔，她们更加细致、更为敏感。前者在智慧和才华上有绝对优势，而后者则在心灵和情感上更胜一筹，两者天生就是为彼此的角色而设的。婚姻由油盐柴米组成，总有许多琐事让人心烦。如果彼此缺乏包容的意识，都各执己见，斤斤计较小事，那么两个人怎么可能一起创造和谐美好的生活呢？

希拉里被认为是世界上最懂得宽容的女人，她是美国前总统克林顿的妻子。有一次，克林顿的艳情曝光制造了轰动世界的性丑闻。作为妻子的希拉里虽然十分伤心难过，但并没有像别的女人那样大哭大闹，而是十分冷静地做出最明智的选择：沉默。正是因为希拉里的明智与包容，才使克林顿免陷尴尬的境地，保全了他的政治前途。

后来，人们问希拉里怎能如此大度，她回答："我已经从我母亲的痛苦经历中吸取了经验教训。任何一个家庭都可能出现一些变故，人们必须面对它。如果你爱一个人，你就不会离开他，而且还会帮助他。"

是的，真爱一个人，不仅不会离开他，还会包容他，给他改过的机会。幸福婚姻生活的一条重要法则就是包容。索取的同时就要有付出；限制别人的同时，自己也要受到限制。好的脾气和品格，才会使婚姻生活幸福美满；温和的话语和一颗包容的心，能抹去所有的愤怒。

有些人对自己的婚姻深感失望，因为他们对婚姻生活期望过高。他们在想象中勾勒出一幅完美的生活图景，然而在现实生活中，那些困难和烦恼使他们突然间从自己的美梦中惊醒。当他们惊奇地发现，原来对方完美的形象并不完美时，他们的信念就在顷刻间垮掉了。

人性不是完美的，生活也不是完美的，其中存在许多瑕疵和不足之处，如果能用爱和包容去对待这些不足，将会使婚姻关系更加紧密、更加坚固。

◇ 在爱情面前，我们都需要长大

林徽因是一个令春风失色、令百花换颜的女子，仿佛只有她可以在滔滔不尽的尘世里淡定自若。读林徽因的文字，永远没有疼痛之感，永远那般清新美好。她也曾和至爱的人生离死别，也曾落下一身病骨，也曾遭遇战火，历经颠沛，尝尽苦楚，可她从来不埋怨命运，也从来不展现消极悲观的愁肠。

这就是林徽因的聪明之处，永远不会在爱人、朋友面前喋喋不休、抱怨不已。

有一句话说："如果上帝要毁掉一个男人，就会让他遇到一个唠叨、抱怨的女人。"

初心不忘　流年不负

在现实生活中，有一些女人总喜欢抱怨。工作不顺心时，她们抱怨自己不是富家子弟；在男人面前不受欢迎时，她们就抱怨自己生得不漂亮；人际关系不好时，她们就抱怨别人不了解自己；婚姻不如意时，她们就抱怨老公没出息……

爱抱怨的女人看什么都不顺眼，并且永不知足。她们看不到希望，抱怨命运不公，抱怨别人，生活十分痛苦。

据说，金庸的武侠小说改版了。当记者问金庸改了哪些内容时，让人印象深刻的是，金庸提到了《天龙八部》里段誉和王语嫣的这一段。金庸说段誉痴痴地恋着王语嫣，费尽千辛万苦最后终于赢得美人心。原先的版本就点到这里为止，但新修改的版本是，王语嫣为自己容颜老去而苦闷于心，对段誉喋喋不休并让他去寻找"不老之术"。段誉意识到王语嫣也是执着于生老病死的凡人，而非他心目中的"神仙姐姐"，于是，解开了心魔，最终与王语嫣分道扬镳。

童话故事都是唯美的，永远只写到王子与公主结婚那一刻就停住，至于结了婚以后怎么样，真的很难继续美下去。婚后面对柴米油盐酱醋茶的平淡生活，可能更多的是无奈。

王子与公主结婚后，并不一定从此就能过着快乐幸福的生活，特别是现代的速食爱情，这样的婚姻可能随时走到尽头。恋爱时的甜言蜜语很可能在婚后变成唠唠叨叨，恋爱时的你浓我浓也禁不起婚后朝朝暮暮的考验，柴米油盐酱醋茶的现实取代了花前月下的浪漫，于是越来越多的女人开始抱怨,越来越多的男人开始厌烦。然而,一味抱怨的女人总是沉浸在消极情绪中,从没想过自己应该努力改变命运。聪明的女人从来不抱怨,她们懂得用自己的双手去改变命运,创造新生活。

抱怨只是一种情绪发泄,不但解决不了任何实际问题,还会让自己陷入负面情绪里。与其如此,倒不如积极地投入到新的生活中去。

作为女人,应该明白:抱怨命运,命运就会越来越不公平;抱怨生活,生活就会越来越糟糕;抱怨男人,男人就会离你越来越远……"牢骚太盛防肠断,风物长宜放眼量。"我们应该坦然面对生活,不能一味抱怨,否则会在抱怨中失去很多珍贵的东西。

泰戈尔说:"如果错过太阳时你流了泪,那么你也要错过群星了。"所以,停止抱怨,做一个开心、快乐的女人。

第三课：为自己留一块"禁地"

◇ 留点属于自己的小秘密

林徽因是从徐志摩的诗里走出来的女子，然而她始终明白，徐志摩只是她生命中的惊鸿一瞥，只是一次美丽的错误。于是，她用女人特有的心智，结束了和徐志摩一段无望的爱恋，在娇艳如花的四月过后，迎来了生命中另一个重要的男人——梁思成，成就了一段"梁上君子，林下美人"的佳话。

三毛曾说过，自己与丈夫坦诚相待，但无论如何也会在自己的心里开辟一块地方，这是完全属于自己的地方。是的，对女人来说，即使在婚后也不要让丈夫占据你的全部生活，为自己留一块专属的地方。这对现在的夫妻生活有很大的启示意义。

生活中的很多女人在结婚以后便把全部重心转移到家庭中来。她们把丈夫当成倾诉的垃圾桶，比如讲自己过去结交了几个男朋友，他们离开后，自己是如何伤心难过，每天在家里做了什么，和邻居为了什么事情吵架，等等。本来幸福美满的婚姻，因为这一场诉说，便无疾而终了。

一个成熟的女人不会把自己所有的一切都告诉丈夫，她们懂得为自己留一块"禁地"，为自己建立一个秘密花园，从而更好地经营婚姻。就像林徽因，她再信赖梁思成，也不会天天把徐志摩、金岳霖挂在嘴上，和他无休无止地讲康桥之恋、心底恋人、蓝颜知己，等等。

为自己留一块"禁地"并不是指你需要瞒着丈夫做一些事情，而是指属于你的过往，尤其是那些可能影响到你们夫妻关系之间的事情。很多女人之所以不幸福，就是因为没有让过去成为过去。

夫、妻始终是两个不同的人，即使在身体上没有距离，但是精神上却始终无法完全融为一体。每个人都有自己不同的人生经历与境遇，所结交的人也都不一样，因此，每个人都应该有自己的隐私，恋人、夫妻也不例外。两个人的世界，一直都是两道不同的风景，可以分享但是却不能毫无保留。没有哪一个男人愿意听你讲你和你的前男友如何深爱、如何分手。因此，女人千万不要为了"坦诚而坦白一切"，一旦"精神全裸"，两个人之间美好的感觉也会被笼罩上一层阴影，夫妻之间的适当保留不是为了破坏信任，恰恰相反，是关爱的另一种善意的延伸。有时候隐藏比坦诚更好，更有利于你维护你们的婚姻。

适当地保留，是为了让精神不至于"全裸"，是为了让距离产生美

初心不忘　流年不负

感,是为了避免两个人身上的刺显得过于锋利,无意之中将对方扎伤。保留一些彼此都不知道的事情,不是为了对当前的爱进行扼杀,而是让自己曾经经受的"飓风"变成一缕"春风",不再带来恐怖的灾难。

婚姻中,留点秘密给自己,会让生活少一分猜疑,多一点快乐。但是,一定要记住:所谓的"保留",应该出于善意的原则,而不是故意做出伤害彼此关系的行为。否则,那就不是"保留"而是"欺骗"。

◇ 保持本色,做完美的自己

这世上,不是只有烈酒才能醉人,不是只有热恋才会刻骨。有时候,一抹清淡,更能历久弥香;一种无意,更能魂牵梦萦;一段简约,更可以维系一生。

个性是一种本色,坚持做你自己,不要在路上被别人修改得面目全非。世间每个女性都是独一无二的。没有天生丽质不可惜,没有魔鬼身材也不值得遗憾,发现自我的个性之美,同样能使女性轻轻松松做个幸福的女人。

林徽因是民国时期著名的美女,她的美不在于矫揉造作,也不在于卖弄风情,而是毫无修饰的自然本色。也许很多人不能想象,即便是当时贫穷落后的中国,也有很多名媛穿"Chanel"了。但林徽因却不追求所谓的时尚，跟那些人比起来，她的确算得上简洁大方。她偏好利落短装打扮，要说刻意装扮，最多就是着件旗袍。

后来，在自身疾病和恶劣生活的双重影响下，林徽因很快就失去了美貌。可是，现在人们记得最多的不是海滩高级饭店或者花园洋房里的那些锦衣玉食、光彩照人的女人，而是打扮简洁，重病缠身之下谈话仍旧神采飞扬，面对权贵依然傲骨铮铮的林徽因。

世界上没有两片相同的树叶，每个人散发出来的特质都是一种专属于自己的味道，因为上帝太爱你了，所以才赐予了你别人没有的东西。我们谁也不要试图去将其改变，保留并坚持下去，最后你会发现原来那是促使你迈向辉煌的资本！

作为一个女人，应该保持本色，做你自己。为了模仿他人而削足适履，那是愚者所为；为了追随时尚而趋之若鹜，那汇聚在一起的是成堆的商品而非艺术。我们只有做回自己，才能成为永不凋谢的玫瑰。

做自己，因为你就是你，在你的身上有独一无二的个性。莎士比亚曾说："你是独一无二的，这是最大的赞美。"内涵美与深刻的智慧都是自觉的产物，并且带有明显的个人特色，与众不同才是脱颖而出的基础。

一个女性，一个美丽的女性，如果离开了个性，即使她外表再漂亮也是暂时的。所以，我们应该根据自己的性格去发掘自己的气质所

初心不忘　流年不负

在，抓住自己的特长使自己更为自信、大方、机智。

我们身上与众不同的东西是上帝赋予的最珍贵的财富，不要为了迎合别人的口味或模仿他人的成功而放弃它。有智慧的女人一定要细心地把自己身上与众不同的东西找出来，加以放大，并坚持到底，这虽然是微不足道的小事，但却决定了你一生的幸福。

◇ 做一个有主见的女人

林徽因是百年一遇的女人，是女人中的精品：有美貌、有修养、有智慧、有爱情、有家庭、有事业、有理智、有主见。她是一个传奇的女子，连徐志摩的原配夫人张幼仪都说："徐志摩的女朋友是另一位思想更复杂，长相更漂亮，双脚完全自由的女士。"

男人不喜欢那种唯唯诺诺、凡事都毫无主见的漂亮女人。而林徽因与一般女人的不同之处，就在于她是一个有思想、有主见、有理智、有分寸的女人。她对事、对情的把握恰到好处，不过不失，从没有在人生路上迷失方向。

如果以上诸多人的赞誉，可以肯定林徽因是一个才貌双全的女人，那让无数知识名流心之向往的林徽因的"太太的客厅"，则极大地展现了林徽因的女性魅力。20 世纪 30 年代，在北京林徽因的家里，常常

/ 林徽因教你做幸福女人 /

聚集着一些在中国文化界举足轻重的人物,聚会的核心人物便是林徽因。她用她的热情、她的聪慧、她的博学、她的敏锐、她的善辩、她的诙谐、她的滔滔不绝、她的侃侃而谈,让许多赫赫有名的人物成为她的听众。林徽因是一个魅力四射、光彩照人的女人。她独树一帜的思想、别出心裁的见解让所有走进林徽因家的人都为之倾倒。

男人永远不可能做到只喜欢你一个女人,但可以做到只对你一个女人负责。对于大多数男人来说,他可以喜欢上多个女人,但他能真正负责任的女人只有他娶回家的那个。然而对于一个男人来说,在人生的不同阶段或许会爱上多个女人,那是再正常不过的事情,这就是女人在婚姻中的危机所在。而有些女人为了摆脱这种危机,把自己所有的心思都扑在男人身上,为了他牺牲自己的一切,当时他可能会被你的行为感动,但是时间久了,你没有了思想、没有了追求、没有了与他共鸣的内容,这个时候你成了依附于他的一个躯壳,这也就昭示着他可以轻而易举地主宰你的感情和幸福。从这一点上来说,你首先就输了。

在感情里,人们最看重的是尊重和平等。在男人眼里,有见地、有胸怀的女人更加可爱。这种女人的可爱是存在于人的骨子里的。可爱的女人,往往更能获得爱情和幸福。男人喜欢女人的温柔和贤惠,但更喜欢女人的思想。

女人不应该盲目地听信别人的言论,被他人的言论左右。有主见

的女人不会不经大脑就人云亦云，跟从别人一起说闲话；有主见的女人不会无事生非，轻易地忌妒别的女人，说一些有失风度的讥讽的语言；有主见的女人会运用自己的智慧去思考、分析客观事物，不随波逐流，碰到挫折勇于面对，敢于逆水行舟，不惧怕别人的嘲讽，坚持个人的主见，毅然决然地走自己的路。

当然，女人有主见不意味着固执己见，孤芳自赏的冷美人没糖吃。结合自身的观点，去虚心地听取接受正确的意见，有则改之，无则加勉。

做一个快乐的、有主见的女人，不断升华个人空间，使自己各个方面不断完善和发展，让自己充满魅力。

第四课：你是我唯一的幸福

◇ 婚姻里的"理解之桥"

据说，京都和奈良是日本两座最美丽的旅游城市。然而，它们之所以存在至今，却是因为梁思成。

1944年，梁思成担任中国战区文物保护委员会副主任，奉命向美军提供中国日占区需要保护的文物清单和地图，以免盟军轰炸时误加损伤。但梁思成希望美军能将另外两个不在中国的城市也排除在轰炸目标之外，它们就是日本的京都和奈良。梁思成此举令很多人大感意外，要知道梁思成本人与日本是有国仇家恨的。

1932年，上海淞沪会战中，十九路军抗敌的前线，一个清华大学出身的年轻炮兵军官在激战中因无医无药殉于阵中。这个年轻的炮兵军官就是梁思成的亲弟弟梁思忠。

1941年，在成都，日军利用恶劣天气，以诡异的云上飞行方式突

初心不忘　流年不负

袭中国空军双流基地，一个中国飞行员不顾日机的轰炸扫射，冒死登机，起飞迎战，在跑道尽头未及拉起就被击中，壮烈殉国。这个中国飞行员，就是林徽因的三弟——林恒。

所以，当梁思成提出保护京都和奈良时，很多人难以理解。但是，他依然这样做了，当时他是这样解释的："要是从我个人感情出发，我是恨不得炸沉日本的。但建筑绝不是某一民族的，而是全人类文明的结晶。"

这就是梁思成，林徽因选择的梁思成，一个自己深度理解的丈夫。他不一定有徐志摩的才华，也不一定有胡兰成的浪漫，但是，梁思成是那种胸中真正能容纳大海的男人。而这片大海，林徽因看到了，所以两人演绎"梁上君子，林下美人"的佳话。所以，夫妻之间，相互理解很重要。

高尔基说："如果人们不会互相理解，那么他们怎么能学会默默地相互尊重呢？"通过这句话，我们不难得出，理解与尊重是相辅相成的，理解是尊重的前提，而尊重是理解的结果。人与人之间只有架起"理解之桥"，在理解的基础上才能做到相互尊重，彼此才能和谐共处。

人与人之间需要理解，夫妻双方更需要理解。如果夫妻之间能够做到相互理解，那么两人之间的许多隔阂、误解、矛盾甚至仇恨都会被化解，彼此之间就会少很多争吵，两人的婚姻会走得更远。

然而，婚姻中有很多人都不能理解对方，并没有真正地读懂对方。

他们互相抱怨，互相猜疑，甚至还用言语中伤对方，弄得整个家庭硝烟四起。对女人来说，如果你想经营好婚姻，那么，你就应该读懂你的男人，清楚地知道他真正需要什么，在心里搭起一座"理解之桥"，在婚姻这座城里欣然畅行。牵着他的手幸福美满地走完这一生。

◇ 勤俭善良，是女人最宝贵的财富

一个女人之所以幸福，身上必定有很多闪光点。现在就生活和品质而言，我们主要谈两点：勤俭和善良。

林徽因、梁思成结婚之后生活勤俭。他们作为我国著名的建筑学家，曾为中国历史文化的保护做出过巨大贡献。他们设计过许多建筑，却只有一座是为他们自己而建，就是在昆明的故居。林徽因的美一直是简约的端庄之美，相比之下，陆小曼的美则是极致的奢华之美。陆小曼婚后尽情地挥霍光阴，挥霍钱财。打牌、听戏、跳舞、喝酒直至吸鸦片。她是一个如罂粟般的女人，对男人有着致命的吸引力，让中毒的徐志摩最后穿肠而死。

因此，林徽因幸福了一世，陆小曼则孤苦半生。

对于女人来说，勤俭的品质绝对不能丢。勤俭包括勤劳和节俭两方面。女人要在适当的位置上勤奋工作，勤劳的生命是长久的，像一

初心不忘　流年不负

根富有韧性的常青藤，会带来愉快的享受。为一项有意义的事业而思考、行动，为生活的进步而自信满满，获得忙碌的快意和收获的喜悦。点点滴滴的付出慢慢得到回报，这种幸福感是绵绵不绝的。

而节俭则是一种文明、一种精神、一种责任。大到国家，小到家庭，不分贫富大小。居家过日子既要勤劳，也要节俭，二者不可偏颇。

一个女人可以不漂亮，但是却不可以不善良。善良是一种美德、一种天性，一旦女人真正拥有了它，她就会成为天使，而林徽因就是其中之一，重要的是，她的善良不仅真诚，而且处处为别人着想。

当时，沈从文一度经济拮据，林徽因有意接济，又怕他不肯接受，就让表弟林宣向沈从文借书，还书时悄悄夹进一些票子；后来她拿自家的钱资助来北京求学的同乡林洙，也是善意地欺骗，她说："是营造学社的钱借给你用。"林徽因的善良、体贴可见一斑！

善良是女人最宝贵的品德，这种内在美，是最永恒的美丽。

曾经有一份杂志组织过一场以"什么样的女人最让人喜欢"为主题的讨论会。答案五花八门，各种各样。

有人说是漂亮的女人，有人说是聪明的女人……但最终讨论的结果是：善良的女人最让人喜欢。一个女人最大的财富就是一颗善良的心，一种爱人的性情。她把爱、同情、善意给人的愈多，她所能收回的爱、同情和善意也就愈多。

有一个不幸的女人，失去了自己的丈夫和孩子，每天以泪洗面，久而久之得了忧郁症，甚至产生过自杀的念头。好心的邻居劝她去做些能使别人快乐的事。但是快 50 岁的她能做些什么呢？她过去喜欢养花，自从丈夫和儿子相继去世，花园都荒芜了。她听了邻居的劝告后，强忍悲痛，开始整修花园，施肥灌水，撒下种子，很快花园里就开出鲜艳的花朵。此后，她每隔几天就将亲手栽培的鲜花送给附近医院里的病人，也把温馨送给病人，收获一声声的感谢。那些美好的话语轻柔地浸润着她的心田，她的忧郁症也慢慢地治愈了。她还经常收到病愈者寄来的贺年卡和感谢信，这些卡片和信赶走了她的孤独，使她重新获得了生活的快乐。

这个小例子告诉我们，无论我们身处怎样的困境，都应该掌握使自己解脱的精神处方——让别人快乐，同时也让自己快乐。

对于女人来说，善良就是她的底线。一个自私自利、心狠手辣的女人，即使她再成功、再漂亮，失去了善良，那她所有的一切都将黯然失色。

◇ 会撒娇的女人最幸福

林徽因在建筑设计上有着过人的敏感，然而，只有她的家人知道，这位才女在和梁思成一起工作的日子里，从来只肯画出草图。后面，

初心不忘　流年不负

自有梁思成来细细地将草图变成完美的成品，而才女林徽因这时便会以顽皮小女人的姿态出现，用各种吃食来讨好梁思成。

其实，梁思成不在的时候，林徽因的图并不是不能自己画。也许，她要的就是这种被爱人宠着的感觉。而宠着林徽因，只怕也是梁思成最大的快乐。

女人，有时可以任性一下；女人，有时可以不讲理一下。

对于男人而言，女人天生就有两大武器，第一是撒娇，第二是眼泪。会撒娇的女人总是显得特别有女人味，举手投足之间，总会令男人为之动心。婚姻就在那里，幸不幸福全靠自己。女人不能太强，适时地撒娇，向你的男人求助，这是男人的生理基因所需，更是女人提升魅力的一个途径。

会撒娇的女人更容易赢得男人的爱，更容易得到男人的呵护。一般来说，百分之九十的男人都喜欢会撒娇的女人。适度撒娇，可以让男人的虚荣心得到满足，从而得到男人的喜爱与呵护。另外，男人天生就有对母性的依赖性，渴望得到关爱与照顾，会撒娇女人的温存、体贴与关怀正符合男人的心意。

女人撒娇，可以软化与化解夫妻之间的矛盾。婚姻生活琐碎的事太多，也许一句话说得不顺耳，夫妻两人就可能发生战争。在这种情况下，没有对错之分，更没有必要争论一个长短。而一些强悍的妻子会像母老虎一样跟老公针锋相对，硬碰到底，热战完了再冷战，弄得家庭战火纷飞。然而，会撒娇的女人在这种情况下，会立即拿出自己的杀手锏——撒娇，让老公沉迷在自己的温存中。

然而，女人不仅要撒娇，还要会撒娇，倘若在不恰当的时候撒娇，那便会适得其反。在以下几种情况下，是一定不能撒娇的。

公众场合不能撒娇。有时候，男朋友会带女伴出席一些公众场合，在这些地方所碰到的，主要是和男朋友有公事关系的人，例如上司、生意伙伴，等等。此时此刻，男朋友需要的是一个上得厅堂的女伴，而不是一个不懂事的女朋友。试想，当男人和上司谈话时，女伴突然走过来，抱住自己娇嗲说话，相信没有一个男人会喜欢这样的撒娇，这只会令人觉得你不识大体，甚至厌恶。

当对方心情不好的时候不能撒娇。当一个人心情不好时，脾气会比较暴躁。比如男朋友睡眠不足，精神欠佳，或正专心思考重要事情，这时候女人最好识趣一点，不要打扰他。

另外，撒娇还要把握一个重要原则：见好就收。正所谓物极必反，撒娇也一样。如果尝到了甜头还不懂得放手，还继续撒娇，或许开始男友还会说甜言蜜语来讨好你，但如果太过分，仍然不知进退的话，只会让人认为你很难伺候。久而久之，他便不会有任何反应了。

脾气不可以乱发，娇亦不可以乱撒。会撒娇的女人是聪明的女人、可爱的女人，也是幸福的女人。

是谁笑得那样甜，
那样深，那样圆转？
一串一串的珠
尺小闪着光亮，迸出天真！
清泉底漾动，
泛流到水面上，
灿烂，分散！

林徽因不但是一个聪慧娴静的弱女子，同时，她也是一个独立自我的女强人。她流连诗情画意带给她的浪漫唯美，又在东西方文化的交融中绽放出耀眼的火花。

PART 3

幸福女人的智慧：

疼爱自己的梦想

第一课：书本是最好的化妆品

◇ 做一个"知性美女"

"知性美女"在当今社会是一个非常时髦的称呼。知性女人也是"三有"女人，即有内涵、有主张、有灵性。她可以没有羞花闭月、沉鱼落雁的容貌，但她定有优雅的举止和精致的生活；她也许没有魔鬼身材、轻盈体态，但她重视健康、珍爱生命；她兴趣广泛，精力充沛，保留着好奇的童心，懂得用智慧的头脑把自己打扮得精致而品位高尚；她有理性，也有浪漫的气质，春天里的一缕清风，书本上的几个精美辞藻，都会给她带来满怀的温柔。

无疑，林徽因就是这样一位美女。

当时，林徽因家所在的东城区北总布胡同是一个富有吸引力的"公共空间"，聚集了当时北平大批对文学、艺术和学术有兴趣的文人、学者，其"太太的客厅"也成为现代文学史的经典记忆。以林徽因的"太太的客厅"为中枢,凝聚着当时最优秀的知识分子,有金岳霖、钱端升、张熙若、陈岱孙等哲学家、政治学家和经济学家,也有如沈从文这样的主持全国性大报《大公报》文艺副刊的编辑,当然更多的是像萧乾、卞之琳这样慕名而来的在校大学生。不管来访者出身、职业或社会地位如何,只要他们被这个象征着当时北平知识界顶峰的"客厅"所接纳,就可以融入一个知识贵族的公共空间。

而在"太太的客厅"里,林徽因是当仁不让的绝对主角,她是"客厅"的主持者,也是倾听者,是"客厅"的灵魂和核心。每个老朋友都记得林徽因滔滔不绝的谈话和声情并茂的演讲。她的健谈是众所周知的,更令人叹服的是她也同样擅长写作。她的谈话和她的著作一样充满了创造性,话题从诙谐的逸事到敏锐的分析,从明智的忠告到突发的愤怒,从发狂的热情到深刻的蔑视,几乎无所不包。她是聚会的中心人物,当她侃侃而谈的时候,爱慕者总是为她那天马行空般的灵感中所迸发出的精辟警语而倾倒。林徽因的"太太的客厅"之所以能吸引众多的来访者,主要不是依靠她的美貌,而在于她的学识、智慧与洞察力。有美貌没思想的女人至多只是"花瓶"而已,而"知性美女"则张扬了一种明丽而坚实的"精神魅力"。

林徽因的魅力并未远去。在当下的生活中,知性美女并不少见,如杨澜、鲁豫、徐静蕾,等等。她们如清茶,似幽兰,感性而芳香。知性除了标志着一个女人所受的教育以外,还应该是女人特有的一种

初心不忘　流年不负

聪慧。

知性女人是外在个性与内在真情的统一，是灵性与弹性的完美结合。

灵性是心灵的理解力，是和肉体相融合的精神，是荡漾在意识与无意识间的直觉，是包含着深深理念的感性。有灵性的女人蕙质兰心，善解人意，能领悟事物的真谛，她们既单纯又深刻。弹性是性格的张力，有弹性的女人，性格柔韧，收放自如。她们不固执己见，但自有一种主见。都说男性的特点是力，女性的特点是美。其实，力也是知性女人的特点。不同的是，男性的力往往表现为刚强，女性的力往往表现为柔韧。弹性就是女性的力，是化作温柔的力量。有弹性的女人既温柔，又洒脱，使人感到轻松和愉悦。

知性美女温润如玉也绚丽如花，既能征服男人，也能征服女人。

◇ 在心里画上风景

林徽因的一生就像一曲天籁之音，虽来自人间，却犹如云端之上，流畅、缥缈、悦耳、甜美。她是美貌与气质的完美结合，是一个才情横溢的诗人、一个入木三分的评论家，更是一个卓有成就的建筑学家。她是内心最有风景的女人。这样一个女人得上天垂爱，亲友宠爱，最是应该。

梁思成说过:"林徽因是个很特别的人,她的才华是多方面的。不管是文学、艺术、建筑乃至哲学她都有很深的修养。她能作为一个严谨的科学工作者,和我一同到村野僻壤去调查古建筑,测量平面爬梁上柱,做精确的分析比较;又能和徐志摩一起,用英语探讨英国古典文学或我国新诗创作。她具有哲学家的思维和高度概括事物的能力。"

20世纪30年代,她业余创作出了具有专业水准的文学作品,其范围涉及诗歌、散文、小说、戏剧各个领域,在京派作家圈中声名鹊起。她把多方面的知识和才华——文学的、科学的、工程技术的,东方的和西方的,古代的和现代的——汇集于一身,并且不限于通常人们所说的"修养",而是在许多领域都能达到一般专业者难以企及的高度。

林徽因的一切才情、成就都离不开知识,而获得知识的最简便途径便是读书。

杨澜说过,女孩到了二十几岁,开始慢慢接触社会,在与别人交往的过程中,谈吐与修养是最能征服别人的。每一本书里都有着很大的智慧,阅读过的书籍都会是女孩社交的资本,没有人会喜欢与一个肤浅的女孩交往。读书,可以让人心情平静,选择了合适的书本,它能够教会你很多道理,并让你学会用一种平和的心态去迎接生活里的痛苦或快乐。没事的时候,去书店逛逛,认真挑几本可以提升自己的书籍回家阅读,不管是名著,还是理财方面或是励志方面的书,都有

值得我们学习的地方。以几类书为例：

很多文艺作品、历史哲学书籍都很值得珍藏、不断咀嚼，它可能代表着一个时代，也可能代表着一代人的信仰。你在其中肯定会找到特别的、可以引起共鸣的观点。

还有一些书是用来暂时打发无聊时光的，它不会对你的人生提出有用的建议，但它也有自己的好处。在你极度疲惫的时候，可以用它来消遣，不需要你付出过多的精力，不需要你有心理负担，甚至不需要你仔细品读，只需你有足够的娱乐精神便可。一些畅销小说，便是如此。

读书可以使女人变得聪慧，可以陶冶性情，更可以修身养性。爱读书的女人浑身都散发着一种优雅的气质，一种独特的韵味，一种由内而外的美丽。她们懂得思考，积极乐观，心态豁达，言谈举止中透出涵养、智慧与贤德。爱读书的女人懂得如何真实地爱，如何有品位地生活。在男人眼里，爱读书的女人本身就是一部文质兼美的好书。

◇ 女人要感性、理性、知性三性合一

林徽因可以很感性，闻风柔软，看雨生情，也会感时花溅泪，恨别鸟惊心；林徽因可以很理性，爱到浓时，戛然而止，告诉那个为她

神伤的男子，彼此选择好自己的方向，认取适合自己的生活模样；林徽因可以很知性，柔韧坚忍，爱她所爱，终其一生誓死不悔。从林家有女初长成，到人间四月芳菲尽，林徽因宛如一朵绽放在悬崖峭壁之上的花朵，传奇地演绎着人生。就是这样的一个林徽因，一个感性、理性、知性做到完美统一的林徽因，拥有非凡的魅力，寻获了一生的幸福。

然而，生活中，大多数女性通常都是比较感性的，很多时候，她们做事不是靠理智而是凭感觉，尤其是在面对感情问题时，结果往往选择错误。随着时代不断进步，现代社会的女性已经慢慢走出完全感性的天空，懂得将感性、理性和知性三性合一，塑造最为完美的自己。

三性合一的女子自信、聪明、大度、睿智，感性而不张狂，典雅而不孤傲，内敛却不失风趣；三性合一的女子温和、清爽、真实，显得气质超群、魅力非凡；三性合一的女子自尊自爱、自立自强，她们会在闲暇时泡上一杯浓香咖啡，听着旋律舒缓的古典音乐，陶醉在知识的海洋中。

其实，女性和男性一样，既有感情也有理性，只不过女性感觉得更敏锐，反应得更迅速，表现得也更活跃。因此，女人比男人在各种情感上更容易走向极端。女性比男性更温柔，也更勇敢；更活泼，也更深沉；更细腻，也更尖刻。有气质、有魅力的女性一般都有足够的

理性，她们不会完全让感情控制自己的行为。懂得爱自己，也懂得怎样让过于波动的情绪趋于平静。知性女人拥有非凡的魅力，主要表现在以下几个方面：

经济上独立。知性女人大多受过良好的教育，她们拥有自己的工作，有足够的金钱为自己提供较为宽裕的生活条件。

懂得善待自己。知性女人懂得呵护自己的内心，倾听自己的真实感受，不会委屈自己的心意，与人交往不卑不亢，落落大方。

在感情生活中独立。知性女人会憧憬美好的爱情、追求爱情，但是她们并不依赖爱情，不会把爱情当成生活的全部。她们懂得在爱情中享受快乐，但不会将自己的全部喜怒哀乐系于爱情之上。

广交朋友。知性女性大多拥有属于自己的朋友圈子，她们注意参加各种社交活动，以开阔眼界、学习新的知识、获得交友的快乐。

不断"充电"。知性女人是依靠知识生存、生活的，她们认为一个知识与智慧、美貌与才情兼备的女性才会充满活力与信心，也才会真正对男人有吸引力。所以，她们力求上进，不断提升自己。

拥有自己的个人世界。在知性女人的眼中，工作和感情并不是生活的全部，她们还拥有完全属于自己的个人世界。在这片世界里，她们尽情地只做自己。闲暇时，她们会沏上几杯清茶，约上三五好友小聚一番，或是独自一人写文字、看电影、收集自己喜欢的小饰物，花尽心思布置温馨的小家；长假时，她们会单独旅行，饱览自然美景，听从内心的召唤去做自己想做的事情。

感性让女人生命鲜活,理性让女人头脑清醒,知性让女人聪慧灵致,一个将感性、理性、知性和谐统一起来的女人才能在现代社会生活中如鱼得水,美丽非凡。

第二课：不做女强人，要做"强女人"

◇ 梦想，让人生多姿多彩

在人生的路上，每个人都在努力寻找适合自己的生存方式，不至于太过曲折，不至于时刻彷徨在转弯的路口。作为女生，要坚信一点不管是在生活中还是在职场中，并不是只有男人才能有所建树。现在各行各业中都有成功的女人，只要付出努力，女人同样可以在男人的世界里穿梭。女人不要总想着在厨房发展，家庭主妇的角色已经不那么流行了，要有自己的奋斗目标，要有自己的梦想，去追求外面更精彩的世界。

萧伯纳曾说："人生的悲剧在于没有梦想和梦想不能实现。"这个世界，要么是没有梦想，一路都处于迷惘状态的人，要么是拥有梦想，却不知道如何实现的人。其实，很多事情，只要像对待孩子一样让它慢慢成长，自然会有开花结果的那一天。人只有对远景充满期待，才不会焦虑，才会从容面对一切。所以，我们要做的就是，疼爱自己的梦想，呵护自己的梦想，让它慢慢成长。

当林徽因看过法国巴黎的浪漫风情，去过历史上显赫一时的古罗马帝国，领略过欧洲城堡建筑的艺术和华丽，她真切地感受到世界的宽大，她被异国风情那些无以言说的美丽彻底征服了。山不再是山，水也不再是水，此后，她再也没有停止对建筑事业的追求。即便在她肺结核病严重的时候，她依然以顽强的意志、坚强的毅力，带病治学、考察、调研。她带学生到沈阳北陵和故宫去上课，更深刻、更形象地给予学生知识和艺术上的熏陶。在她生命的最后十年，支持她的是她的精神力量、她的激情和对建筑的挚爱。伴随着病痛的折磨，她创造了一个又一个奇迹，她不曾放弃行走，一步一步在建筑史上写下光辉灿烂的篇章。这就是她的建筑生命，是她一生对事业的追逐与梦想。

无论梦想大小，无论何时实现，有梦想的女人总是值得尊重和感动的。她们可以为了一个别人看起来微不足道的梦想，付出一生的努力。在这个过程之中所积淀的人生阅历、日臻成熟的价值观，会成为最宝贵的财富。而坚定追梦的结果，必定是"如愿以偿"。

有梦想是好事，但是，我们需要明白一点，急于求成却容易摧毁自己的梦想，或是制造一个昙花一现的假象。梦想有一个实现的过程，如同一个慢慢长大的孩子，需要时间的塑造。那些名人故事，在观众眼里永远只有几分钟、十几分钟或是几十分钟的时间，而他们真正从

初心不忘　流年不负

默默无闻变成名震一方，却花费了几年、十几年甚至几十年的光阴。梦想从来不会轻易实现，也正因为如此，梦想才尤其珍贵。

实现梦想是个时间旅程，需要你付诸热情和耐心。你的每一次急功近利，都可能是揠苗助长，拔高萌芽的同时，也摧毁了它的生命力。

不管成功还是失败，为了梦想努力过就是幸福的。如今这个社会，女人已经告别了只能相夫教子的年月，蜕变成一个国家的生力军，参与到日益激烈的竞争之中。正是时势，使这个时代的女性多了几分别样的魅力，那就是为梦想持续努力的风姿和神采。

◇ 不求完美，但要做到完美

要成为一个完美的女人并不是一件容易的事，可是，我们却能够做到最完美的状态，那就是把每一件事都尽量做得完美。所以要努力学习，让自己拥有多技之长。有的女人，会织一手漂亮的毛衣；有的女人，会拍很多漂亮的照片；还有的女人，会用细腻的笔触来记录自己的每一个成长过程；有的女人懂得时尚，追随潮流，很会打扮自己；也有的女人，有一手很好的厨艺，做出的饭菜总是让人赞不绝口；更有的女人，是电脑高手，会制作网页、会管理网站；还有些能干的女人，懂得做生意，能够开网店，有滋有味地赚钱过日子……这些女人都是美丽的,至少她们都能够有一样让自己自豪的手艺,有一样可以点缀平淡日子的花朵。更重要的是,这些小小的技术,可以让女人拥有自信,她们对待未来是坦然的,她们知道自己的未来不是幻想。

学习是女人一辈子的事情,可是有很多女人在取得文凭后就停止了学习,不是在家相夫教子,就是在职场忙碌奔波。然而,大学时期只不过为我们提供了学习研究的时间和场所,还有很多未完成的工作等着我们去做。人,无论什么时候都不能荒芜了心灵。要做一个与时俱进的女人,一个丈夫的贤内助,都需要不断学习、不断进步、不断吸取最新的知识与信息。林徽因是一个有魅力的幸福女人,不仅因为她绝佳的外貌,更重要的是她内在的气韵。她的气韵来自心灵的富足,而心灵是需要用知识的雨露不间断地去滋养、去灌溉的。

林徽因不仅是一位执着坚定的建筑师,同时她在文学领域也占有一席之地。也许完全是出于一种单纯的喜爱,她从没有放弃过在文学上的创作与梦想。她的作品中体现着文人的感性、细腻和唯美。林徽因作为一位诗人、作家,为中国文学做出了自己的贡献。她那永不熄灭的激情,是一种足以使任何阻碍破碎的力量,是一种灵魂的飞扬,是她一生不曾放弃的动力。

林徽因会建筑、会文学,然而,作为新时代的女性,我们不妨问问自己,我们会什么呢?

大学读的专业在社会上几乎没有对口的工作,工作不稳定,技术

初心不忘　流年不负

含量低，文员、销售，吃青春饭而已。那些二十、三十多岁的年轻人没有过人之处，还对工作挑三拣四，过年回家看着父母发愁的脸，都不好意思再像以前那么轻松地说：还在找呢。如今年纪不小了，工作是半死不活地吊着，感情是浑浑噩噩地寻觅着……

听着这些发自女人内心的迷茫的声音吧！除了震惊便是同情。身为一个女人，即便不是多才多艺，也要有一技之长，学习是你增加自信的必要之选。一个女人如果足够优秀，她的事业、爱情也不会差到哪里去，林徽因便是如此。

◇ 以木棉的形象和男人并肩而立

"我如果爱你——绝不像攀援的凌霄花，借你的高枝炫耀自己……我必须是你近旁的一株木棉，作为树的形象和你站在一起……我们分担寒潮、风雷、霹雳；我们共享雾霭、流岚、虹霓；仿佛永远分离，却又终身相依，这才是伟大的爱情，坚贞就在这里：爱——不仅爱你伟岸的身躯，也爱你坚持的位置，足下的土地。"

《致橡树》是舒婷的一首优美而又深沉的抒情诗。她在这一诗篇中塑造了"木棉"与"橡树"两个意象。橡树代表男性的阳刚之美，而木棉则代表了女性的自强自立以及与男性的平等要求，鲜明地昭示了一种独立、平等、互相依偎又相互扶持、理解对方又珍视自己的爱情观，表达一种爱情的理想和信念。不要附庸的爱情，不要奉献施舍的爱情，诗人要的是那种两人比肩站立，风雨同舟的爱情。爱情的伟大之处就在于此，相爱的两个人要有共通的灵魂和思想，要有能承受挫折和考验的毅力，才能共同享受绚烂的人生。

毫无疑问，林徽因与梁思成就是"橡树木棉"式的夫妻。林徽因无论在学识、才情、工作上都是可以和梁思成共同比肩的女人。他们情深意笃，在很大程度上得益于一个第三者——他们共同的事业。生活中双方深情的目光相互凝视；在事业上，则是注视着同一个方向。她单独或与梁思成合作发表了《论中国建筑之几个特征》《平郊建筑杂录》《晋汾古建筑预查纪略》等有关建筑的论文和调查报告，还为署名梁思成的《清式营造则例》一书书写绪论。另外，她协助梁思成完成了《中国建筑史》初稿和用英文撰写的《中国建筑史图录》稿，与梁思成共同编写《全国文物古建筑目录》，等等。

然而，在如今这个时代，许多女人一结婚就退居家庭，被男人像金丝雀一样"圈养"起来，许多女性放弃了自己的人格与尊严，让自己屈从于男人之下，每天专注于丈夫、孩子和家庭，生活变得越来越窄，而男人却相反，每天在外打拼事业，眼界日益宽阔，经历也越来越丰富。久而久之，他们与妻子越发难以沟通，生活变得越来越乏味，从而产生隔阂，使婚姻走向毁灭。

初心不忘　流年不负

　　独立的女性却大不相同，她们有一份体面的工作，以木棉的形象与男人站在一起。她们在工作中与同事侃侃而谈，在家庭中与老公谈人生、谈工作、谈未来。她们知识渊博，用自己的头脑与双手创造着自己的幸福，用智慧经营着自己的婚姻。

第三课：存在是一种智慧

◇ 你是团队中的一部分

物理学里有力学原理，当多个力来自一个方向的时候，物体就会被推动，当这些力的方向不一致时，力就会相互抵消。而人是群居性动物，社会是一个处所，想靠一个人的力量开创自己的天地，根本无从做起。一个团队重要的是有一致的目标和系统的做事原则，这样才能不断前进。1949年，政协筹委会决定把国徽设计任务交给清华大学和中央美院。清华大学由林徽因、李宗津、莫宗江、朱畅中等七人参加设计工作。林徽因作为一个团队的核心人物，担负着让大家往一个方向使力的责任。事实证明，她是个优秀的团队领导者。她和她的同事们共同历经三个多月的努力，完成国徽的设计图案。经周总理广泛征求意见，林徽因所在的清华小组设计的图案因布局严谨、构图庄严而中选。这给林徽因本就灿烂的人生再添一抹华彩。可见，一个品质

初心不忘　流年不负

高尚、勤奋敬业的领导者，往往可以感染团队的每一个成员。事业不是一个人的，而是一群人的，一个人无论能力高低，与他人协作总是会事半功倍。

一个人再有能力也是一滴水，只有融入大海才能掀起巨浪。世界上没有绝对的精英或非精英，每个人都是有用的，因此要一视同仁，让所有人得到一样的尊重。任何人，要做到以下几点，其实并不难。

1. 保持乐观的态度。很多时候，枯燥的工作会使人走入死胡同。我们不快乐是我们的思维受到了阻碍，当我们换一个思路，便会恍然大悟，原来快乐就在我们身边。不要让坏情绪感染别人，也不要让别人的坏情绪传染自己。在遇到问题时抱怨、气愤解决不了问题，反而会影响其他同事的工作进程。相反，如果保持乐观的心态，也会使别人增加信心。

2. 友善地对待他人。一个人能力再强也无法处理一堆事情，竞争不是同事之间构建友好关系的障碍，同事之间同样可以如朋友一般相处。与同事交往不要斤斤计较，良好的同事关系可以使办公室的工作氛围轻松，可以使你更加热爱自己的工作，同时促进彼此在工作上的支持和理解，会给你带来更多的益处。

3. 不要背后议论。天下没有不透风的墙，不要在背后议论任何人，同事或者领导，你的任何一句话，都有可能被同事在适当的时候使用；如果实在要议论，就采用表扬的方式吧，背后的好话才是真正的好话。

4. 跟他人沟通。埋头苦干不是长久之计，你若封闭在自己的圈子里，会有很多问题得不到答案，因为你的思考广度是有限的。所以，与周围的人保持良好的沟通十分必要。但需要注意的是，不要在遇到问题时才想起跟别人沟通，平时也需要沟通，因为任何人都不会心甘情愿地帮助一个有事才想到他的人。

5. 不要固执己见。当别人向你提出意见或建议的时候，证明他们认为你做得有问题。此时，无论对方的意见是否值得接受，我们首先要表示感谢。即便是在面对批评的时候，也应该如此。即使对方的言语有不合理之处，我们也不必用傲慢或强硬的态度去回复别人，要为他人和自己留有余地，下一次他们提出的可能就是你要改正的。

团队中的成员是相互联系的。团队就像一个大钟表，每个人都是齿轮，只要有一个齿轮不工作，钟表就会停止报时，一个团队的紧密合作是最后获得成功的保证。

◇ 低调的女人最受欢迎

林徽因才、貌、情三者兼得，才情超凡、智慧过人，堪称女人的经典，凡间的精灵。她是中国著名的建筑学家、作家、诗人，是中华人民共和国国徽的设计者之一，被胡适誉为"中国一代才女"。她兼具

初心不忘　流年不负

东西方之美，既持有大家闺秀的风度，又具备中国传统女性所缺乏的独立精神和现代气质。如此佳人，高贵脱俗、清澈透明、性情温婉、平易近人，丝毫没有富家小姐的娇气和傲气。虽然林徽因已经离去，但她就像一颗闪烁的明珠，历经岁月沧桑却更加光芒四射、熠熠生辉。她美得低调却深入人心。

然而，生活中有些女人常常怕别人看不出自己有多大的能力，为人处世不懂得低调。实际上，这往往不能给自己带来好处。爱显露自己的女人，就好像是额头上长出的角。额上生角必然会很容易触伤别人，如果你不去想办法磨平自己的角，时间久了别人也必将去折掉你的角。而懂得低调做人的女人，却能避免这样的伤害，让自己在暗中积蓄实力再出击，以求获得最后的胜利。

《红楼梦》里，脂粉云集，然而有一位女性地位不高，却不容忽视。她就是王熙凤的贴身丫鬟平儿。凤姐在时，平儿对凤姐百依百顺，让凤姐信任她，但她明白贾琏夫妇的为人，明白凤姐倚仗权势趾高气扬，更明白众人对王熙凤的憎恶之情。所以，她面对凤姐的责怪，从不怒形于色，而是保持低调，承认自己的过失。她对待众人也不像凤姐那样把事做绝，她不依仗权势，不趁火打劫，而是时常私下进行安抚，加以保护，一方面缓和化解众人与凤姐的矛盾，另一方面做了好人，为自己留了余地和退路。在很多情况下，平儿在处理一些事情时，比凤姐宽容、低调得多，能放一马就放一马，结果上上下下赢得了人心。李纨曾对平儿说道:"有个凤丫头,就有个你。你就是你奶奶的一把总钥匙。"平儿多留余地的为人处世方式终得回报。在王熙凤悲惨地撒手人寰后,大观园内一片败落,各种祸乱频频而起,但平儿却多次获得众人帮助而渡过难关。她在钩心斗角的大观园中仍然游刃有余地生活着。处在如此险恶尴尬的境地,如果说平儿做人做事有什么诀窍的话,那便是她有自知之明和知人之明,懂得低调做人。

低调做人是一种品格、一种境界,是做人的最佳姿态;同时,它也是一种思想、一种深刻的处世哲学。低调做人是最沉稳的中庸艺术。善于低调做人,不仅是体面生存和尊严立世的根本,也是赢得人生成功的关键所在。

所以,想做一个受欢迎的女人,请一定记住:低调做人,自强不争抢,这是女人获得幸福的基本元素。

◇ 光辉下保持冷静

自从林徽因选择了建筑事业,她就明白,自己一生都将做一个奔波的人。她努力奔走于各个城市,夜以继日地钻研古建筑学术,不为一时虚名,只在于一份难以割舍的情结。她背着空空的行囊上路,一路得到,也一路丢失。这是林徽因舍得的智慧,也告诉世人,成就再

初心不忘　流年不负

大，头顶上的光环再耀眼，也要在名誉加身、光芒四射的时候保持冷静，对未来做出最理性的判断和规划。

在杨澜退出荧屏的时候，有很多人问她，为何在这个时候选择留学？央视当家主持人的位子如此轻易就放弃了，人走茶凉，待你学成归来之时，那位子早已是别人的了。而杨澜却坦然地说："选择离开是因为命运不在自己的掌握中。曾经有一年春节晚会，选了六名主持人，彩排了很多遍之后，节目组导演却突然决定不用其中的一个主持人，但一直没人通知这个主持人。到了又一次彩排的时候，这个主持人兴致勃勃地到了化妆间，可化妆师告诉她，化妆名单里没有她的名字。这时那个主持人才知道，自己被淘汰了。当时我就在一旁，看着她从欢喜变得黯然。突然间我好像看到了自己未来的样子。我想，今天如果没有机遇和环境的平台，有多少成功算是你努力的结果？从那时起，我就觉得自己首先得站稳脚跟，不要沉迷在鲜花和掌声中，而要去寻找成长，去读书。年轻的时候不去搏一搏，什么时候还有机会？"

杨澜在当红时能看到充满变数的未来，这一点，难能可贵。聪明人总能在万人追捧的时候看到以后的形势，能够在盛名最强的时候选择急流勇退，懂得审时度势，也懂得人生处处有变数，冷静分析自己的当下和未来，做出最适合的选择。

第四课：才女也是财女

◇ 做高财商女性

如今，你是一个美女、才女还不够，想做一个独立自主的现代女性，你还得是一个财女——高财商的女性。

林徽因 13 岁那年，张勋复辟，全家迁居天津，只有她留在了北京。林徽因外表看似柔弱，但内心向来坚强。她虽然多愁善感，但从不在人前落泪。十几岁的年纪，当别人还在父母面前撒娇的时候，她却可以将家事打理得井井有条，照顾好自己的起居饮食。这就是林徽因，与任何一个女孩都不同的林徽因。她的童年经历告诉每一个现代女人：身为女人，一定要学会掌控自己的一生，学会管家，学会理财，享受生活，体味幸福。女人理财能力的指数决定幸福指数。

高职毕业的台湾名女人何丽玲，曾在一次访谈中说："我很小就明白，美貌和理财是女人一生最重要的事。"

初心不忘　流年不负

杨澜也忠告年轻女孩子，女孩到了二十几岁，就要开始学会理财，必须要有理财的动机，学习投资经营。不管你现在的收入有多少，都要为你的明天打算，即使你的收入再高，作为一个聪明的女人应该知道如何花钱，这其实也是一门艺术。会花钱的女人才是好女人。

会花钱就等于会赚钱。财富并不是指挣了多少钱，而是指手里还有多少钱。所以说，怎样花钱也是一门学问。

说到会花钱，就是要合理利用财富，让自己及家人的生活过得更好。现实生活里，我们看到很多例子，懂得财务规划的夫妇，婚姻比较幸福，会理财的妻子也比较能够得到丈夫的欢心。理财其实并不难，也有技巧可循。

首先，要学习知识，掌握必要的手段和技巧。投资者对市场的了解离不开对金融知识和技能的掌握，或者说，是以金融知识和技能为基础的。这些知识包括市场交易与经营知识、财税知识、法律知识以及其他有关的知识。人个投资理财的基本技能，包括信息获取与分析、交易完成后的结算、电脑与网络技术的使用等。

第二，制订理财计划，积极投资。对于单身人士而言，可以将收入分成三部分，分别用于消费、储蓄和投资，为今后恋爱、结婚和购房作准备。即使手上没有可以投资的闲钱，也需要将手中资金的来龙去脉作详细的记录，使自己能全面地了解财务状况。另外，要想让钱增值，还得去投资。投资不光要有先见之明，同时要有耐心。要想使资产活起来，多选择流动性强的短期投资方式，适当选择收益高的中长期投资。投资前要做大量准备工作，一经决定，就要迅速行动，全力出击。

第三，储蓄投资。据调查，目前储蓄、债券、股票的投资占居民家庭总投资的92%。而储蓄这种投资方式不但几乎没有任何风险，而且还有一定的利息。所以，储蓄、国债、股票，三者最好的投资比例为5∶3∶2。有了储蓄作坚实的资金后盾，既可以保证稳定的生活，又可以不断为国债、股市注入新的血液。

第四，国债投资。国债与储蓄相比，具有利息高的长处，又可以避免股票连本带利付诸东流的风险。国债一般有两种，即三年期和五年期，其年利率略高于同期的储蓄存款年利率。

第五，股票投资。股票可能会获得比储蓄和国债高出几倍甚至上千倍的收益。但是股票的风险性也是最高的。购买股票要选择新上市的前景看好的行业为佳。而且，工薪族应以长线投资为主，不要有短期行为。这适合于有余钱而近几年无大用的家庭，其投资比例最好不超过投资能力的20%，这样即便是出现风险也无大碍。

第六，借助金融、非金融机构或专家进行投资理财。如果由于自身缺乏必要的金融知识，难以制定适合自身特点的理财方案或是按照自身的水平，很难获得更大的投资收益，则可以借助专业金融或非金融机构及专业金融人士的帮助。专业的金融机构在信息、设备方面有

优势，能为我们提供便利，而且专业的机构指导个人理财符合现代社会的要求。

理财让女人更美丽。一个精致的女人懂得怎样打理财富，怎样合理地支配财富。知道自己想要什么，能要什么。她运用于理财中的聪明智慧会不知不觉地征服大家，不管是男人或女人都喜欢与之交往。

◇ 对盲目消费 say no

林徽因之子梁从诫回忆母亲时曾说："母亲的美，是一种精神上的美，她是一个非常真实非常自然的人。母亲很朴素，抗战时代的生活也过得很苦，我看得最多的就是她披散着头发，在厨房里挽起袖子洗衣服的样子，哪是照片中那么穿着光鲜，细心打扮？"花钱是一门艺术：收入再多，乱花钱也会成为月光族；收入不多，善于花钱，也可以安居乐业。真正美丽的女人，会把钱花在刀刃上，节约不必要的花费，让每一分财富都能在生命中发挥恰到好处的作用，过上惬意的生活，实现幸福的人生。一如林徽因，她会把钱用在柴米油盐的平淡生活上，用在孩子的教育支出上，用在自己的建筑梦想上……从不会盲目消费。

在商界，商家都有这样一种说法："婴儿和女人的钱是最容易赚的。"女人喜爱打扮,衣服、化妆品以及精美的手袋背包,无一不是追随着时代的潮流。因此,女人花钱总是比男人快。而精明的商家们也总会变着花样来推荐自己的产品,吸引女人的钱包。

在商场推销员巧舌如簧的攻势下,女人们总是不由自主地买下一件又一件自己并不需要的服装,买下一件又一件家里根本用不着的物品。正所谓,"女人们的衣柜永远都少一件衣服",不是真的少了衣服,而是女人们的心永远都不满足,而在觉得自己总少衣服的同时,衣柜里却存留了一大批根本一次都没穿过的衣服。

而一个聪明的女人懂得"按需花费",分清"需要"与"想要"。

女人最常说的话之一就是"我想要……",对于自己看中的东西,不管是衣服、首饰、娱乐品还是其他,就摆出一副非拿到手不可的架势。然而,当真的把这些东西买回来的时候,却发现有些东西并不实用,有些东西也不适合自己,最后不是被束之高阁就是转送他人。这些消费都是没有意义的,要改变这种状况,可以尝试以下几种办法。

首先,尽量避免单独一个人购物。已婚女士最好拉上丈夫,让男人给你中肯的评价,让他帮助你冷静你的大脑、抑制购物的冲动;而单身女士,最好拉上和你关系比较好的,说话比较直爽的姐妹,让她们来督促你。

其次,在购物之前,写好购物清单。弄清自己想买什么再去商场。这样既可以避免漏买东西,又可以避免买不必要的东西。

初心不忘　流年不负

再次，养成记账的习惯。定期查询自己的银行账户，了解每一笔钱的来往状况，时时提醒自己要开源节流，把花销控制在最合理的水平。好习惯一旦养成，有计划地花钱就成了自然而然的事了。

最后，带有限的现金，绝不带卡，这也是最有效的办法。这样做，不仅可以限制你的购物欲望，避免冲动地盲目购物，还能让你更顺利地砍价。

人都爱听好话，可我们必须知道，售货员的好话绝不是免费的，是需要我们拿钱来买的。我们用自己的钱买别人虚伪的口水，何必呢？所以，尽管售货员吹捧得天花乱坠也不要盲目消费，要做一个内外兼顾的美丽女子，做好预算，把钱花在需要的地方。

每个人的心中都有一道动人的风景，活在当下，用心去感受每一次的喜怒哀乐，珍惜与你有缘的人、事和物。即使千帆过尽，遍尝苦楚，只要有希望的曙光，幸福依然会伴随着你。

PART 4

幸福女人的武器：

好好爱自己

第一课：约会前的美丽行动

◇ 完美妆容的秘密

林徽因是什么事情都要做得好的，家务、事业、爱情以及个人形象。在留学期间，林徽因出门前总会把自己收拾得一丝不苟，衣袜发式哪处都不得草率，每次都让楼下的梁思成等二三十分钟，以至于有好事者梁思永（梁思成的弟弟）撰联称"林小姐千装万扮始出来，梁公子一等再等终成配"。林徽因长得漂亮当然不需赘言，更重要的是，她懂得爱惜自己的漂亮。

爱美之心人皆有之，绝代佳人林徽因自然也不例外。女人是上帝创造的世间最美的艺术品。而女人的外在美则是留给他人最直观的印象。一个聪明的女人大多懂得和善用一些技巧和方法来展示外貌的魅力，以此增加自己的优势。

著名美容专家靳羽西有一句名言："世界上没有难看的女人，只有不懂得如何把自己打扮得体的女人。"任何一位女性，只要坐到梳妆台前，都可以成为一位"艺术家"——完善自己面部形象的艺术家。

每个人都有自己的审美观，但总的来说，化妆应该是使一个人表现出她最美的一面的手段。任何一名女性，只要她能够使用正确的化妆方法，都可以为自己的容貌增添秀美与靓丽，表现出蓬勃的精神、满腔的热情。比如眼睛、眉毛、嘴唇、脸部修饰等，都可以让一个女人看上去更加明艳动人。

（1）修饰眼部。眼睛是最能表现出女性神韵的器官，女生的光彩重点在于眼睛，一双眼睛生得好，眼波流转，美目盼兮。因此，必须非常重视眼部化妆，而眼睛的化妆主要是涂眼影和画眼线。

涂眼影主要是选择合适的化妆部位，因为涂在不同的眼睑部位，产生的效果会有很大的不同。深色眼影涂在双眼皮的褶皱中，能扩大眼部轮廓；亮色眼影涂在眼睑沟中，能突出双眼皮。眼影涂在眼角处，内眼角涂深色眼影，并与鼻侧影相接，可突出眼睛的深邃；深色眼影涂在外眼角，能改变眼型。

画眼线主要是为了使眼部轮廓清晰，一般上下眼线都画。眼睑是人体皮肤中最薄的地方，因此在做眼影化妆时，要尽量轻柔，不要用手拉下眼睑描绘，否则极易使眼睛周围娇嫩的皮肤过早出现皱纹。画眼线时要将肘部支好，防止拿眼线笔的手发抖，改来改去眼线就变粗了。此外，脸不要动，而让手、镜上下移动。支稳肘部的方法有两种：一是把肘部支撑在台面上，二是将肘部紧靠在墙上。画眼线的标准原则是上粗下细，比例以7∶3为宜。画下眼线时，应把镜子稍微抬高，眼睛转而向上看，这样既可免除用手指拉下眼睑之弊，还会使眼线画得极自然，需注意的是眼线笔尖要圆润，用笔侧锋画曲线。画上眼线时，应把镜子放低，视线也向下，可画到垂下的眼圈上。人们往往不注意闭眼睛时的化妆效果，认为只要眼睛睁着的时候好看就行。然而不要忘记，别人既能看到你睁着的眼睛，也能看到你闭上的眼睛。

（2）修饰睫毛。修饰睫毛前，先用睫毛夹将睫毛卷一下，此时眼睛应该往下看，然后涂上睫毛液。若要染睫毛，则眼睛朝下看，将睫毛刷由睫毛根向睫毛梢滚刷。睫毛的修饰更多地体现在一些技巧的处理上。

（3）修饰眉毛。描眉是日常化妆中常使用的一种方法。普通的方法是，脸稍向下，眼睛向上看，这样上眼皮即显示出一条自然的弧线，可按照这条弧线描出平行的眉形。画的时候要按自然生长的规律一根一根地画，浓淡、粗细要与原来的眉毛相吻合，才能达到以假乱真的效果。

（4）修饰嘴唇。修饰嘴唇时先用唇线笔在唇部勾出一个理想的轮廓，唇线笔的颜色可以比唇膏的颜色稍深一点。涂好唇膏后，用唇笔把唇线和唇膏抹匀，不要留下分界线，然后用珠光唇膏在嘴唇中间加一个亮点，增加光泽。

过厚的嘴唇应采用浅色唇膏，因为浅色显得轻巧些；还有一种办法可以掩盖厚唇，把粉底霜涂在唇边，盖住原有的唇线，在唇线内0.5～1毫米处画一条唇线，然后涂入唇膏。所画的唇线的交接处要比原唇线的交界处稍长一点，这样可以使唇形拉长，看起来就不觉得太厚了。

而过薄的嘴唇，在画唇线时可以稍稍往外画一点，在上唇的唇峰中间画优美的曲线，使嘴唇显得丰满些。在涂唇膏时注意不要让原有的唇线透出来。如果上唇比下唇薄，在上唇膏之前，先用粉底霜把原来的唇线盖住，然后用唇线笔画一条唇线。上唇的唇线要比原唇线画出来1毫米，下唇线要比原唇线画进去1毫米。涂唇膏时，上唇的颜色可以比下唇的颜色浅些，但必须是同一个色系。

（5）涂抹粉底。粉底是由水分、油分、颜料制成的，可以供给皮肤不可缺少的水分和油分，同时又有较强的遮盖力。

涂抹粉底的方法，是将粉底在额、鼻、两颊、腭等地方各点一个点，然后用指尖或卷起的海绵角均匀、全面地涂抹；涂完后，用粉扑蘸干粉抹匀；抹完后，再扑化妆粉，并用两手把它打匀，稍停一会儿，用刷子把多余的粉刷落。

初心不忘　流年不负

◇ 重视形象，让每一次亮相都赢得喝彩

从林徽因的老照片中，不难发现她的着装、气质远远高于同时代的其他人，用当下的话说就是有气场，就连她的孩子和小弟的穿着都堪称绝对时尚。其中一张照片尤其令人印象深刻。当时，林徽因在第一排，穿着短裙和高跟鞋，气质尤为出众，一眼就能看出她。所以，林徽因无论是思想还是外表都是严重超越那个时代的，她若是生在现在那一定更精彩。

林徽因的服饰并不是多么富贵华丽，相反，她经常是短发素衣的打扮。但这却让她多了一种素雅之美，是一种犹如空谷幽兰，不染尘埃的美。

女人的天性决定了她们对美丽的追求，一件得体的衣服不仅能够表现女性的形体美，增加自信，而且能够作为审美意识的载体，展示一个女人的个人品位和个人修养，从中流露出种种个人情感。

托尔斯泰在《安娜·卡列尼娜》里描写了一个十分吸引人的场面。美貌出众的安娜即将出席一个盛大的舞会，基蒂·谢尔巴茨基公爵小姐是第一次参加这样的活动，听到安娜也要出席，就极力模仿贵妇人的衣着打扮，精心选择了一身服装，希望能够压倒安娜。结果，安娜未作任何修饰，只穿了一件黑天鹅长袍，黑色长袍把她白玉般的皮肤鲜明地映衬出来，显得格外高雅和优美，令众人为之倾倒，同时将其他贵妇人映衬得非常俗气。

如今女人在衣着上的花样似乎特别多，上衣、长裤、裙装、胸衣、袜子、鞋子、内衣、首饰……包含了多姿多彩的服饰文化。缤纷绚烂的世界既给女人带来了惊喜，同时也带来了挑战。要想将各种漂亮的衣物搭配好，再和谐地穿在自己身上，也需要花一点心思。因此，性格、身体条件等都是在选择得体服装之前的必要考虑。世界上基本不存在十全十美的女人，要塑造出一个美女的形象，服装可以起到重要的扬长避短的作用。

每个人的性格不同，适合穿的服装也会不同。对穿着者来说，什么样的服饰最美，也要因人、因时、因地而异。当你决定穿某一件衣服时，一定要考虑你穿这件衣服是要到什么场合，是要和谁见面，是在什么时间。同时，还不能孤立地只看一件衣服本身，另外需要注意衣服是否与鞋、围巾、腰带等衣饰的搭配和谐一致，这样才可能实现服装款式色彩、你的个人气质以及外在环境的和谐美感。要将这些都仔细考虑到，你的衣服才会穿着得当。

现代女性已经拥有了前所未有的审美观念和鉴赏能力，尤其突出表现在个人服饰的穿用艺术水平上。衣着追求个性、追求自己的风格是她们所殷切期望的，而且往往随着生活水平的提高而更为迫切。

初心不忘　流年不负

大千世界，芸芸众生，天生丽质的女性毕竟是少数，因此，服装的衬托对于展现女人的风姿来说尤为重要。不管是相貌平平还是风情万种，聪明的女性一向了解如何使自己更出众，这种出众并不依赖于服装配饰的时髦，而是要求你打扮出别致的美感，以突显你的个性。

衣品显示人品，衣饰不仅能够美化人的形象，同时也可以显示出人的其他品质。得体的衣着展现了穿衣者的良好修养，也能够产生净化心灵的美感。在衣、食、住、行等人类文明最初形成之时，衣是最富有创造性的。的确，衣服被称为人的第二皮肤，特别是对女性来说，衣服的色彩、款式等都要追求独具匠心的创造，并通过这种创造演绎出一种令人难忘的审美情趣。

第二课：健康是幸福的砝码

◇ 上天何以妒红颜

"天妒红颜"这句话用在林徽因身上最适合不过。上天给了林徽因博学多艺，却未给她足够的健康。1904年出生的她，在1932年前的照片中屡屡展现出少女的纯情高傲、少妇的丰腴端庄。之后虽气质尤在，但至1938年，被肺病折磨日久的她已老态尽显，刚40岁已形销骨立。她的一生虽然幸福圆满，但病痛始终折磨着她的身体，将幸福减掉了几分。身体是幸福的载体，而健康则是幸福的重要砝码。

健康、财富、自由是完美人生的三大标准，而健康是对一个人影响最大的因素。曾有人用这样一组数字"10000000000"来比喻人的一生，这里的"1"代表健康，而"1"后边的"0"分别代表生命中的事业、金钱、地位、权力、房子、车子、家庭、爱情、孩子，等等。假如有一天丢了一个"0"或两个"0"可能也会对人产生影响，但不会

太大。而假如没有了最前面的"1",那么即使后面有再多"0"也毫无意义。失去健康就失去了一切。权力是暂时的,财富是后人的,唯有健康才是自己的。所以,健康至关重要。

据世界卫生组织的一项统计分析,现代的死亡人群中只有8.6%的人死于急性病,91.4%的人是死于慢性病。而人体对慢性病的抵抗力及患病后和受伤后的恢复能力,在很大程度上取决于营养状况和体液环境中毒素的污染程度。而慢性病过于依赖临床治疗是不科学的,需要我们自觉维护。一个聪明的女人更应该懂得如何保持自己和家人的健康,而这其中饮食和睡眠则是保持健康的基础。

首先饮食要科学营养。

据科学研究显示,十大养生食物包括:菠菜(菠菜护脑。菠菜是拥有胡萝卜素以及超氧化物歧化酶等成分的"还原食物",可以阻止脑血管的病变而保护大脑)、红薯(红薯护眼。维生素A素有"护眼小卫士"之称,如果人体缺乏它,眼睛感受弱光的能力便会下降,对黑暗环境的适应能力也会减退,严重时容易患上夜盲症。维生素A由胡萝卜素转变而成,红薯中富含丰富的胡萝卜素,能提供丰富的维生素A,可以增进视力,而且常食红薯对皮肤有好处)、海带(海带护发。海带是护发的全能冠军,营养专家认为,经常食用海带不但能补充身体的碘元素,而且对头发的生长、滋润、亮泽也都具有特殊功效)、番茄(番茄护肺。英国的最新研究发现,每星期吃三次以上番茄可以预防呼吸系统疾病，保护双肺免受细菌的感染。而且越是不甜的西红柿，其中番茄红素含量越高）、香蕉（香蕉护腿。香蕉是食物中排名第一的"美腿高手"，它富含的钾元素能帮助你伸展腿部肌肉和预防腿抽筋）、深海鱼（深海鱼护心。德国专家曾发布过这样一组实验证明：坚持每日吃鱼 50 克，可减少 40% 的心脏病发生率，尤以吃深海鱼为佳。鱼里所含的不饱和脂肪酸，被俗称为"好脂肪"，它们能担当天然抗凝血剂的帮手，可降低血压、抑制心肌的兴奋性、减慢心率，从而保护心脏）、黑豆（黑豆护肾。黑豆有"肾之谷"的美誉，具有补肾强身、活血利水、解毒、润肤的功效，特别适合肾虚者）、甘蓝（甘蓝护胃。甘蓝是世界卫生组织推荐的最佳蔬菜之一，被誉为天然"胃菜"。可以每天将甘蓝与蜂蜜混合食用，有助于促进溃疡愈合）、鸡蛋（鸡蛋护甲。健康的指甲是粉红色的，因为有充足的血液供应。若指甲颜色异常，往往是营养缺乏或其他潜在症状造成的。而高蛋白饮食是维持健康指甲所必需的，鸡蛋则是获得蛋白质的良好来源）、西蓝花（西蓝花护肤。西蓝花是著名的"抗癌战士"，它含有丰富的维生素 A、维生素 C 和胡萝卜素，能增强皮肤的抗损伤能力、有助于保持皮肤弹性）。

其次，充分休息。每天要睡足 7 到 8 个小时。夜间是人们皮肤细胞再生的最佳时间，更新比白天快很多。晚上 9 点到 11 点为免疫系统（淋巴）排毒时间，此段时间应避免剧烈运动，可以听听舒缓的音乐；晚间 11 点到凌晨 1 点，是肝的排毒时间，需在熟睡中进行；凌晨 1 点

初心不忘　流年不负

到 3 点，是胆的排毒时间，也需要在熟睡中进行；凌晨 3 点到 5 点，是肺的排毒时间。半夜至凌晨 4 点为脊椎造血时段，必须熟睡，不宜熬夜。

"爱吃的女人衰老早，会睡的女人美到老。"这是美国已故著名女影星奥黛丽·赫本的名言。赫本除了是奥斯卡奖得主之外，还有一顶"睡美人"的桂冠。如果能有充足和有效的睡眠，一定会容光焕发，皮肤富有光泽和弹性，面色也红润饱满。良好的睡眠有利于皮肤美容，但要注意的是也不可睡眠过度，对一般人来说，每天 8 小时睡眠已经足够，过多的睡眠会导致面部浮肿或眼袋下坠。

◇ 女人要有"内在美"

林徽因的美丽穿越时空，倾倒了几代人。她的美有外在的因素，她那俊秀端庄的面容、姣好苗条的身材和深邃明亮的眼睛无不透露出强烈的美丽气息。从现存的一些照片中，我们仍然可以感受到这位民国美人依然散发着超越时代的魅力——一种令人向往、典雅雍容的神韵。美丽的女人不一定幸福，但是一个美丽的女人却更容易靠近幸福。所以，怎样让自己漂亮起来也成为能否获得幸福的重要条件。而一个漂亮的女人不仅仅懂得在外表上修饰自己，更明白如何从内在保养自己,既"内外兼修",更重"内在美"。

女人的内在养护首先要注意一个"冷"字,女人不能让自己冷。

冷是一切麻烦的根源。冷女人血行不畅,手脚冰凉而且痛经。血行不畅,面部就会长斑,体内的能量不能润泽皮肤,皮肤就没有生气,所以很多女人的皮肤像细瓷一样完美,却一点没有青春活力,好像一碰就会碎掉;而一些年轻女人再怎么长痘痘还是很有生机。

身为女人,不要为了节食只吃蔬菜和水果,因为这些食物性寒凉的居多,应该多吃些红肉、生姜、红枣、动物血、糯米酒、樱桃等含铁丰富或比较温和的东西。有些东西如银耳、柠檬、笋等不要在月经期间吃,会加重体内的寒气;随时注意保温,不要喝太冰的饮料,多喝热饮、热水;不要老在空调房里待着,也不要要风度不要温度,天气转凉了还穿露脐装。冬天最好的保温方法是泡热水,如果时间不便的话,泡泡脚也有助于血液循环,增加热量。另外,还可以做适宜的运动,如瑜伽。温和的瑜伽注重呼吸,有助于气血运行,效果很好。

其次,女人要注意激素的平衡。女人每一次排卵的过程就是一次激素的代谢过程,体内激素水平正常的女人,脸色红润细腻;代谢不好的女人,身体就会出现各种各样的病症。所以女性需要适时适量补充激素。激素分为人工合成激素和天然激素,前者容易对人体带来副作用,而天然激素大多都有双向调节功能,大豆、石榴、小茴香、雪蛤、蜂王浆等都富含天然激素。最有效的就是喝豆浆,因为大豆含有

双向调节功能的微量雌激素,而且价格便宜、服用方便。

另外,女人要注意涵养自己的水源,按中医的说法就是要养阴。人们都说:"女人是水做的。"女人体内阴气不足,阴不足以涵阳,表现出来的就是火气,比如耳鸣、长痘痘等。所以,补水是最直接的方式。

女人体内的水分,不能损耗过度。相对我们的身体,很多外在的东西都可以算作火气。太咸、太辣、太苦的食物,都需要我们用中气来调和,这就是火气。有些女人口味比较重,或者为了排解压力,会吃偏辣、偏凉的东西,比如麻辣烫或水煮鱼。然而,这些味道极其浓重的食物会损耗我们的水源。如果它们的温度不是适中的,而是特别冷或特别烫的菜肴,就会导致更多一层损耗;一些经过油炸或烤制的东西,虽然香脆可口,却不利于涵养体内的水分。油炸就是脱水的过程。口感虽然好,但是脱了水的食物进入我们的身体,就会立刻吸收体内的水分,所以吃多了你便会感到口干,需要补充更多的水分。

因此为了涵养体内的水源,要饮食有度。饮食清淡一点,心情平和一点。那些温和的、口味不太重的、新鲜不加太多调料的食物都可以食用。带有胶质的东西尤其为好,比如猪蹄、银耳、鱼翅等。口味清淡的汤更好,因为它能留在身体里更长的时间,而不会被当成水过快地排出体外。更需要注意的是,在空调房里更要多喝水,尤其是每天坐在办公室里的职业女性。

/ 林徽因教你做幸福女人 /

◇ "动"起来，修炼健康身心

阅读林徽因，我们惊奇世间果然有这样的女人，集才气、集美质、集傲岸，也集热爱与事业于一体。仰止当世，光照来人。如果不是生不逢时，如果不是体弱多病，或许今人读到的是一个真正的女诗人，是一个近代建筑史上的泰斗。

林徽因在美术方面曾做过三件大事：第一是参与国徽设计，第二是改造传统景泰蓝，第三是参加天安门人民英雄纪念碑设计，为国家和民族做出了极大的贡献。只可惜"自古红颜多薄命"，在1955年4月1日清晨，经过长达15年与疾病的顽强斗争之后，林徽因与世长辞，年仅51岁。

一代才女林徽因因病香消玉殒，不禁令人唏嘘，我们感叹生命何其短暂，健康何其宝贵。所以，世上最贵者当属生命，而生命在于运动。

女人离不开运动，就像鱼离不开水。现在，紧张的生活节奏，匆忙的都市人生，预示着女人们要以洒脱的个性、自信的微笑、敏锐的能力迎接每一天。所以，越来越多的女人加入了运动行列。在运动中完善自我，超越自我，让内在和外表的神态魅力达到永恒的统一。

初心不忘　流年不负

　　有规律而全面的运动，可以调节体内激素水平，运动类型的选择很广，跑步、跳跃、体操及球类活动都可以试试。不同类型的运动有不同的效果。有氧运动或称心肺锻炼，主要改善心血管系统，能强化我们的心脏和肺的功能，举重训练或力量训练能提高肌肉的力量和灵活性，伸展运动能提高整体的流动性和协调性。

　　从健康角度出发，建议定期运动，至少每周三次，每次半小时。通过这样保持一定量的运动，就会提高我们的健康水平、工作效率和生活质量。

　　根据每个人的年龄和健康状况，通常对一个经常坐办公室的人来说，一个有效的运动程序是，先做伸展运动来热身，然后做大约二十分钟的有氧运动，如跑步或者步行燃烧热量和改善心血管系统。最后，再做一些伸展运动把身体恢复到正常状态。此外，适当增加几分钟的举重或阻力训练能提高肌肉的力量和耐力，效果颇佳。

　　良好的运动可以缓解压力，改善睡眠；运动可以让人感受超越现实的美，感受到自己是在与大自然同呼吸。清晨，当你朝着初升的太阳慢跑，你的心会被大自然清洗得干干净净，你会觉得心在仙境。而此时，荡漾在你脸上的当然也是美。

　　运动让人快乐。在运动之后，整个人的身心都得到最大放松，"快乐的运动，快乐的生活"是萨马兰奇先生对生活和运动的注解。运动是文化娱乐的一部分，我们都还记得少儿时期嬉戏和玩耍的快乐。很多成年人在长大之后,就用运动代替了儿时的玩耍。酷爱运动的美国总统小布什说:"没有什么比得上骑车、爬山所带来的喜悦,它能唤醒你许多孩提时代的感觉。"

运动的好处有很多,但我们在运动时一定要注意几个问题,才能让运动发挥到最大功效:

首先,必须选择适合自己的运动项目。体育心理学强调,孤僻型的人要多选择足球、篮球等团队项目,急躁型的人要克服缺陷可选择打太极拳、慢跑、长距离散步等项目。

其次,选择了适合自己的运动就一定要坚持下去。

运动需要持之以恒。很多女孩子到了经期会暂停运动,对于身体健康、月经正常的人来说,这是没有必要的。越来越多的研究表明,在经期仍保持适量运动,可将经期的不适减至最小。当然,这时候要避免剧烈运动、不要做会增加腹压的动作,如快跑、跳跃、力量性练习等,以免对身体造成损伤。有痛经及月经紊乱的女孩最好选择更轻柔一些的运动。

喜爱运动的女性性意识更活跃且保持得更长久,性生活中更容易获得性高潮,使那些强壮、优秀、带有聪明基因的精子与卵子结合,从而生出较高智商的孩子。在生育前有规律运动的女性,更容易生出一个健康聪明的宝宝。

如今,很多都市女性都把运动当作一种时尚追求,因为,现在的

初心不忘　流年不负

运动已经不单单是为了苗条瘦身，它已经被赋予了更多、更深的含义。爱美是每个女孩的天性，年轻的女孩更是如此。而运动则是让自己美得既自然又健康的秘诀。通过体育运动，可以使全身血脉通、精力旺，皮肤焕发自然光泽，身体由内向外散发出质感美，这样的美才更真实、更持久。

旅游熏陶着人的情操，增长人的见闻。

在我们现在的社会中，很多人在交际应酬时都会出现缺少话题或者孤陋寡闻的情况。这是因为他们了解的信息有限，读的书比较少，出去旅游的机会相对更少。我想那些有名的艺术创作者他们的很多灵感也是来自大自然的，也正是因为他们游览了很多山川名胜，见识了很多大自然的美丽风景，相对而言，他们就成为当时的时代见识比较广的人。所以，在现代这个信息高速发展的时代，我们更加需要自己亲身去经历很多自然界特有风光。毕竟从书中、网络等其他途径获得的知识和自己亲身所见所闻的会有完全不一样的感触，因为你所阅读到的和别人参观后的感觉都是不同的，当然你自己去经历也会有自己独特的感触，同时去游览祖国的名胜古迹也是一种享受。中国古代哲学家荀子说："不登高山，不知天之高也；不临深溪，不知地之厚也。"所以亲身去经历是非常有必要的。对于上班族来说，我们可以利用五一、十一或者年假等时间去参加旅游活动。约上三五好友或者带上父母家人走出家门，去看看不一样的风景。中国的名胜古迹、山川大河多得数不胜数，总有一个地方适合你。如果你对历史文化有浓厚的兴趣，那么不妨去北京的故宫、十三陵等地，亲身寻觅古都文化的踪迹；如果你喜爱柔美婉约的韵味，那么不妨去扬州、苏州和杭州一带，体会炊烟袅袅、杨柳依依的江南气息。此外，安徽的黄山、湖南湘西的凤凰古城、云南的丽江等地也都是大家追捧的旅游胜地，非常值得我们去观赏。

在旅游中，我们不仅可以亲眼观察到美丽的自然和人文景观，还可以了解到各地不同的民风民俗、饮食习惯和宗教信仰，还可听到各种有趣的传说、典故和奇闻异事，让人开阔眼界，广结好友。每一次旅游都能给人带来全新的感受，新的知识和见闻。

第三课：带上心情出去走走

◇ 走出去，才知道世界有多广

林徽因与梁思成的结合成就了一段"梁上君子，林下美人"的佳话。梁思成和林徽因始终是一体的，他们一同在海外求学，共同选择了美术、建筑领域，利用蜜月期间对欧洲进行长达五六个月的建筑考察，以及回国后一起致力于国内建筑的研究。夫妇俩始终形影不离，紧紧地将生命与建筑连于一体。有文字资料记载：五六年时间里，林徽因的足迹遍及六七个省份，几乎是不到一年就外出一次长途跋涉。

其实，梁思成入门建筑行业直至把终身奉献于建筑科学，有很大的原因是林徽因的影响。梁思成更像是得了宝贝似的把林徽因捧在手心里，自豪地说："中国有句俗话：'文章是自己的好，老婆是人家的好。'可是对我来说是，老婆是自己的好，文章是老婆的好。"1928年，新婚不久的林徽因和梁思成受聘于东北大学，并且创建了当时中国大学里的第一个建筑学系。创建之初，全系教员仅林、梁夫妇二人。生下儿子梁从诫之后，林徽因更是强烈要求要与丈夫一同外出考察。多年以后，从河北的正定隆兴寺到杭州的六和塔、从浙江金华的天宁寺到河南开封的繁塔、铁塔，各地都留下了林徽因的足迹和身影。正是这一次一次的考察，一步一步的远行，让林徽因的名字永远铭刻在了中国建筑史的丰碑上。

　　林徽因从小就是个充满好奇心、热爱探索的孩子。幼年时期，她就经常随父亲漂洋过海，到过巴黎、日内瓦、罗马、法兰克福、柏林等地旅行。看过法国巴黎的浪漫风情，去过历史上显赫一时的古罗马帝国，领略过欧洲城堡建筑的艺术与华丽，真切感受到世界的宽广，开启了她对建筑领域的探索与追求。后来，林徽因嫁给梁思成，两个人一起攻读建筑学，同甘共苦、相濡以沫地走过风雨人生。可以说"走出去"成就了林徽因一生最重要的事业。

　　走出去，才知道世界有多广。走出去按现在的话说就是旅行。旅行不同于一般的旅游。旅游是一种消遣和消费的过程，花钱享受异地的风光、风情、美食和服务。旅游就像快餐一样，将景区、景点作为集中目标。旅行是一种体验和感悟的过程。体验自然，感悟人生，不惧怕遭遇雨雪风霜和艰难险阻，把一切都视为人生的一种经历、一种体验，随遇而安，始终保持平和的心态，沉着应对。

　　旅行可以陶冶情操，增长见识。

初心不忘　流年不负

　　旅行如品美酒，要调整心态，放慢脚步，是漫漫旅途中细细品味和观察，以获取新知。旅行没有终点，行者永远在路上。旅行者钟情于人迹罕至的平原古道、深山大川和天涯海角。

　　很多诗人、作家以及艺术创作者的灵感都来自旅行中一个微小的细节、一段特殊的感悟。当代伟人毛泽东面对茫茫雪原，不禁在诗歌中叹道："江山如此多娇，引无数英雄竞折腰。"

　　在旅行的过程中，我们不仅仅是游山玩水，还要在谈山论水中表达自己的情感。在与他人的交流中，要学会寻找情感宣泄的通道，不要吝啬表达自己。这样，生活和工作中的负面情绪也会随之一扫而空。而且，广阔无垠的山川和大地，还能激发人们对祖国的爱恋和对生活的热爱之情。

　　旅行可以锤炼人的意志，开拓人的智慧。

　　宋代文学家王安石游褒禅山，未及洞底，就退了出来，最后感慨"不得极夫游之乐也"。于是他悟出："世之奇伟、瑰怪、非常之观，常在于险远，而人之所罕至焉，故非有志者不能至也。"

　　大地山川是美的，而人类的劳动更美。当代著名日本画家东山魁夷说："风景之美，不仅仅意味着大地自然本身的优越，也体现了当代的民族文化历史和精神。"马克思也曾阐述："周围的，可以感觉得到的世界完全不是从来就如此或永远不改的东西，而是工业化与社会状态的产物，是许多世代活动的结果。"在人类历史的发展过程中，人类不断按自己的需要改造世界，或耕种、或修筑、或题咏镌刻，或寻幽勘探，用他们的智慧留下了一个又一个奇迹。

一个人旅行的时候，会有独特的眼光和思索。相伴而行时，可以彼此分享与交流。另外，当人处于令自己身心愉悦的自然风光和异域环境时，又使行者容易敞开被城市禁闭的心扉，彼此深入沟通了解。

旅行如人生，人生也是一次长途旅行，有一位叫马赛·普罗斯特的学者曾经说过，真正的发现之旅不在于发现新的领域，而在于拥有新的目光。我们也可以说真正有价值的人生之旅不在于拥有权势或金钱，而在于拥有精神、智慧和道德的力量。

◇ 心里有光的女人，快乐随时相伴

林徽因的一生就像一出戏，虽没有大起大落，却也一波三折。林徽因在病重的几年中，仿佛停止了对往事的怀想，将所有的精力都付诸给事业，不再沉浸虚无的情感，不再计较成败的得失。四十七岁，对于一个健康女性来说，还有足够的精力来应付生活的琐碎，可久病多年的林徽因却觉得自己已到了迟暮之龄，而她所要做的，就是让自己在迟暮中开出最绝美的花朵。

林徽因深知自己的病情，所以不舍得再浪费一点儿光阴，即使是

初心不忘　流年不负

在生命的最后阶段也要紧紧地把握住在这尘世余留不多的时光。她为了濒于停业的景泰蓝传统工艺，抱病与高庄、莫宗江、常莎娜、钱美华、孙君莲深入工厂作调查研究，并设计了一批具有民族风格的新颖图案，为"亚洲及太平洋区域和平会议""苏联文化代表团"献上一批礼品，深受大众欢迎。

每个人活在世上，其实都是在成全自我。情感虚虚实实，光阴明明灭灭，要让自己清醒，只要心态积极，心情健康，无论何时，都会最美。

2008年，第四届"寻找榜样OL"活动在北京圆满落幕。在颁奖典礼上，杨澜为最优秀的OL（白领女性）颁奖。后来活动方公布了一个有趣的花絮，在活动刚刚开始的时候，报名表上有一栏这样的问题：你心目中的榜样OL是谁？80%的报名者写了杨澜。后来记者问起杨澜，她笑着说她很高兴，并谢谢大家把她当成榜样。她还说："每天都有很多工作等着我去做，也会感到累，但我一直都保持很好的心态和心情去面对，希望在职场的女性朋友们都能够快乐面对。"

在这个竞争日益激烈的社会，都市男女不停地工作、不停地思考，为了生存而焦虑似乎是件十分平常的事情。可事实上，我们有权利得到快乐。无论身处任何环境、面对任何挑战，女人的心态都应是积极的，否则你的事业和家庭就会遭受挫折。有了好的心态和心情，才能让我们感受生活的快乐，才能让我们去欣赏好的风景。

/ 林徽因教你做幸福女人 /

　　试着培养一个发现快乐的习惯，让自己成为一个快乐的人。亚里士多德说过，生命的本质在于追求快乐，使得生命快乐的途径有两条：第一，发现使你快乐的时光，增加它；第二，发现使你不快乐的时光，减少它。曾经有对教授夫妇希望自己的孩子能永远快乐，他们想了个办法，让孩子一遇到快乐的事情，哪怕仅仅只是一个瞬间，都要拿笔记录下来。此后，这些快乐的笔记随着孩子的长大越来越多，上面记载着很多小事情，如爸爸今天当众放了个屁、同学上课的时候讲了粗话。后来，这本笔记被出版成书，取名为"真是荒唐"，成为连续几年的畅销书。

　　不要总觉得自己很不幸，不要总把苦难挂在脸上。其实快乐很简单，很多时候只要我们换个心情，换个方式就可以。一个孩子用沙子堆砌了一座城堡，笑着指给父母看是快乐；一个女人做了一顿美餐，丈夫赞不绝口是快乐；一个学生考试进步受到了表扬是快乐；乞丐能讨到一个面包是快乐……只要我们细心发现，快乐就在你我身边。

　　人只有将寂寞坐断，才可以重拾喧闹；把悲伤过尽，才可以重见欢颜；把苦涩尝遍，就会自然回甘。生命是一个漫长的旅程，每一寸时光都要自己经历，每一杯雨露都要自己亲尝。信了这些，就可以更坦然地面对人生沟壑，走过四季风霜。

　　林徽因从来都是热爱生命的女子，无论遭遇人间何种境况。她喜爱山间植物，喜爱自然佳景，更愿意与三五知己一同分享那份天然雅

初心不忘　流年不负

趣。她是一个心里有光的女人，既照亮自己也温暖别人。她把幸福活成了一种态度。

幸福是一种心态，是自我的一种体验，幸福需要用心去感受。一个人幸福与否，在本质上与财富、相貌、地位、权力没多大关系。幸福由自己的思想、心态而决定。

我们的心可以造就"快乐的天使"，它让我们深刻而不浮躁，谦和而不张扬，自信而又亲和；它让我们讲和谐，不仅是人与人和谐，人与自然和谐，还要注重人的内心和谐。人的内心和谐是社会和谐的最高境界。

一个人是否拥有阳光般的心态，会直接或间接地影响到学习、工作、生活的方方面面。人们来到这个世界，在成长的过程中，不可避免地会遇到这样那样的问题和困难，有顺境也有逆境。拥有一个健康、向上的良好心态就会帮助我们战胜悲痛，找到生存的力量。

境由心造、相由心生，拥有阳光心态，阳光就会铺满你生活的每个角落，幸福就会伴随你生命的时时刻刻。拥有阳光心态的幸福女人，可以缔造阳光般的工作、学习和生活环境，并将这种美丽一直延续到老。一个拥有阳光心态的幸福女人，本身已是一道亮丽的风景。

第四课：用最好的自己迎接未来

◇ 自信的女人最美

许多人爱上林徽因，爱的不仅是她的才情，不只是她的成就，爱的是她优雅的气韵，是她骨子里的坚定，是那种在任何情况下都可以让生命苍翠葱茏的美好和自信。自信与美丽，相辅相成。

多数情况下，人们自然而然地认为"美的总是好的"，不由自主地臣服于美，认为伴随美貌而来的还有各种积极品质。人们倾向于认为漂亮的人更有趣、更友好、更聪明、更富于激情、拥有更好的社会技能、更性感、更有意思、更优雅，甚至更独立。这已经在实验室内外被反复验证过了，是"晕轮效应"的一个绝佳例证：对一个人的整体评价会影响对此人其他特质的判断。

另外，人们往往认为美丽的事物更有说服力。蔡肯研究发现，漂亮的人更容易说服他人。这可能是因为漂亮的人往往更善于交流，更

初心不忘　流年不负

加自信，或者仅仅因为人们容易相信他们。不管原因到底是什么，总之，美貌能让人改变主意。

而反过来，自信也能让人更加美丽。

自信会增加美丽指数，让女人更具有潜质美、气质美。

自信的女人，走路的时候昂首阔步，沉着坚定的表情告诉人们她们的自信所在；自信的女人，坐在大排档和坐在餐厅一样，风度优雅、光彩照人，微笑的魅力使她们把握住人们的视线所在；自信的女人，无论家庭、事业、交际，都能一帆风顺，偶尔出现的挫折打击，总能被她们轻巧化解，一举手、一投足间，便能使事情向着有利于她们的方向转去。

幸运的是，自信不是先天性格，自信是可以后天培养的。

第一，要培养耐心。具备耐心是培养自信的最重要前提，一个没有耐心的人，无论做任何事情都很难坚持到底，结果就是一事无成，一个经常失败的人何谈自信呢？自信是伴随着成就而增长的。我们都听说过"滴水石穿"的道理，处于起点的人就好像是一个细胞或者一滴水，但大多数人却误以为或者希望自己在起点上就强大锋利犹如一束激光，这是不现实的。要通过学习培养耐心，运用耐心去等待长期积累之后可以获得的难以想象的好处与力量。

第二，一定要有一技之长。学习能力是人最重要的能力，它促使人不断进步，而自信的人通常也会相信自己的学习能力。所以他们不惧挑战，不会心虚。持之以恒地真正精通了一种技能，学习其他技能时就会变得更轻松，也会让你更有自信。

第三，要培养自信，需要充分认识到自己的局限和不足。

世上没有绝对完美、无所不能的人。面对自己力所不能及的事情时，不要有心理负担。凡事做得好必然容易自信，做得不好就很难自信。但是还没有开始，就背着一个又一个的包袱，能走多远？能做多好呢？深刻理解"不完美才是常态"的人才可能做到"不会无谓地自卑"。凭借耐心和毅力，相信积累，就算做不到最好，也能做到更好。

第四，做事之前要做好准备工作，尤其是要注意细节。

生活中我们不能漠视细节，因为细节不细，成功都孕育在微小的细节之中。我们成就的事业好比一条珍珠项链，链上的珍珠便是每一个小细节。倘若某一个细节被忽视了，出了问题，整条项链便会全线断开。

法国思想家罗曼·罗兰说过："我最喜欢做小事情。"是的，细节是沙，积土成山；细节是水，积水成渊。也许你曾经因算错一个数而把考试考砸了，也许你曾经因说错一句话而把工作给丢了……细节决定成败，许多细微的小地方，铺就出我们通向远方的道路，给我们指明方向。

自信的女人，不必天姿国色，不必闭月羞花，即使她相貌平平，但是，因为那份自信，她们瞬间变得光彩耀人、淡雅高贵，她们不会

因为容颜的衰老而失去自己的魅力。

自信的女人,因为自信而多了平和、多了宽容、多了礼貌,因而,众人眼中的她,易于交谈、易于接近。

自信是女人重要的财富和资本,自信犹如光环笼罩在她身上,成为她最美的魅力。

◇ 从容是种风度

一天,庄子和好友惠子同去濠水边游玩,只见水流缓缓,清澈见底,石缝之上,鱼儿悠闲地摆动着美丽的尾鳍。

庄子不由得赞叹说:"你看这些鱼儿出游从容,在水里多么快乐啊!"

惠子说:"你不是鱼,怎么知道鱼的快乐呢?"

庄子反问道:"你不是我,怎么知道我不知道鱼的快乐呢?"

惠子说:"我不是你,不知道你的内心。可你也不是鱼,你不知道鱼的快乐则是肯定无疑的。"

庄子说:"我们从头说起,你刚才问我怎么知道鱼是快乐的。这说明你知道我了解鱼的快乐才会问我的。我现在告诉你,我是从自己的感受中体会的。我与你同在濠水边观鱼,悠闲自在,自得其乐。这鱼其实跟我们一样,悠闲自在,只不过是形式不同而已。风在吹,鸟在飞，水在流，即便我们辩论着，然而，鱼儿却依然从容不迫地悠游。"

有一种人和鱼儿是一样的，无论面对任何事情都能够坦然微笑。面对紧急事件，他们的脚步依然不疾不徐；面对失望伤心，他们依旧能够和别人开玩笑；面对突发情况，他们依然保持淡定。这是一种凭海临风的从容。林徽因就是这样一个女人。

有人说过，人生要起伏有致才能平安，太过顺畅反而不得长久。信了这句话，面对突如其来的意外就会从容淡定许多。下雨的日子未必都是感伤，可以煮一壶闲茶，品味人生；月缺之时也未必只是惆怅，亦可以倚窗静坐，温柔地怀念远方的故人。读林徽因，心情不会有太多的起落，她是一个和美的女子，不舍得让人轻易为她落一滴眼泪。

从一个曼妙多情的少女，到一个看过世事万千的老妇人，这期间，该尝历多少人生的五味杂陈。她曾和至爱的人含泪道别，也曾在忙碌奔波中落下一身病骨，可她始终不肯向岁月低头。她的诗中从来没有悲观消极的情绪，总让人读起来有种积极向上的感觉。无论在凋零的秋季，还是在荒芜的寒冬，我们都可以闻到那抹清新的绿意。她不会纠结于过去的惆怅，明白生活永远要向前看。她懂得生活的真实，懂得悲欢离合才是真味人生。因此，她从容不变，不执着也不纠结。

女人的淡然与从容，是一种境界与心态，是一种极致的优雅。女人过了30岁，就开始慢慢走出热烈、灿烂的青春季节，岁月刻在女人脸上，也沉淀在女人心里。这时的女人，淡然、从容，像一杯清茶，

初心不忘　流年不负

洗涤掉心中沉淀的渣滓，抚平思想上的矛盾纠结，享受这份淡淡的心境。这份秋叶般的淡然与宁静让女人们回归一种平和的幸福。

也许经历得越多就会越接近自然，然后变得坦然。年轻时，我们还不懂生活，不知道如何从容。随着年龄逐渐增长，随意而从容渐渐伴随我们的成长而日益成熟，洗尽铅华，卸下华美的外衣，更宽容地生活。

淡然的女人懂得宽容别人，也懂得好好爱自己，在世事的牵累、终日的忙碌中，偷出空闲，修饰自己，滋养自己，呈现出清晨阳光般的笑容、端庄的气度和深厚的内涵。职场拼杀之余，淡然的女人会将自己浸泡在书香之中，读一段散文，品一首诗词，听一曲音乐，修复日渐污浊的灵魂，使自己温婉和悦。

人的心灵蕴藏着不可估量的伟大力量，如果你养成一种乐观、淡定、从容的精神习惯，就会在你最需要的时候发挥作用，而且让你获得意想不到的结果。不管男人女人，从容会让他们看上去充满魅力。

◇ 过好每一个现在

林徽因是温和的，她的性情不曾有太多的放纵，所以也不曾存在多少破碎。她没有张爱玲的凌厉，也没有陆小曼的痴狂，亦没有三毛的放恣。她活得乐观而执着、坚定又清脆。她深知：人生有太多过往不能被复制，比如青春、比如情感、比如幸福，以及许多过去的美好连同往日的悲剧都不可重复。拥有过的，不惧失去；得不到的，不宜妄求。生活原本就不是乞讨，所以无论日子好坏，都要从容地走下去，不辜负一世韶光。生命不在于所拥有的，而在于如何去珍惜自己所拥有的。逝去的东西，就算再怀恋，再不舍，终究都不会再回去了。不论是喜还是悲，珍惜当下，才是我们现在应该有的生活态度。

人生匆匆，为使一生不留遗憾，就要学会珍惜、懂得珍惜。我们生活中最重要的事，就是珍惜当下。简单来说，就是做好眼前事，珍惜眼前人。

有时候，什么值得珍惜，什么应该放弃，我们自己也会有困惑、迷茫之感。那些时而清晰，时而模糊的答案，也许只有时间才能给出答案。但是重要的是，我们应该学会珍惜现在所拥有的。不痴迷于过去，也不畏惧将来，生活才会更加美好，笑容才会更加灿烂。

一位奥地利画家曾经说过，时间有三种步伐：未来姗姗来迟，现在像箭一样飞逝，过去永远静止不动。然而，浮夸的人总是寄幻想于不切实际的未来，懦弱的人则一味沉溺在过去的回忆中。我们浪费的今天，是昨日已死之人所奢求的明天；你所厌恶的现在，是未来的你回不去的曾经。而每一个今天都是昨天的明天。我们永远不知道下一刻身处何方，命运如何，面对生命的无常，我们唯一能够做的，就是

初心不忘　流年不负

珍惜当下。人生只有三天，昨天、今天和明天。昨天已逝，明天未知，我们唯一能够紧紧把握在手心里的，只有今天。

的确，我们应不时地回忆过去，因为从往事的反思中能够得到教训和经验，并从中体味到更真的人生；同时，我们也要憧憬未来，憧憬未来才会有所期待，有所期待才能有勇气克服现在所面临的困难和挑战。但这一切都要"适度"。生活中最重要也最实际的是，静下心来，踏踏实实地做好现在该做的每一件事，追求每一个当下的质量。

> 缘分两个字说来奇妙，人的一生会遭遇无数次的相逢，有的人如同过眼云烟，在心中消散，而有的人却如茁壮的小树，在记忆中生根发芽。那一抹心动、那一个眼神，都好似命中注定，缘分深浅，自有分晓。

PART 5

幸福女人的秘籍：

珍惜生命中每次相遇

第一课：闺密是骄傲的昵称

◇ 人以群分

林徽因，一位才貌双全、个性鲜明的奇女子。1930年，她和丈夫梁思成由东北大学到北京工作，安家在东城区的北总布胡同3号。这是一座典型的北京四合院，幽静典雅，每逢周六下午，一些学术大家、社会名流，总会自觉地来到这块极其舒适雅致的地方，品茶闲聊，切磋学问。胡适、徐志摩、金岳霖、沈从文、朱光潜、萧乾等人都是这里的常客。除了凝聚学界朋友、奖掖后进，林徽因的"太太客厅"还结交海外名人。研究中国社会文化的美国专家费正清夫妇，就是客厅的座上宾。久而久之，林徽因的茶会就声名鹊起，为学界和文化界所瞩目。

林徽因在和名人学士交往的过程中彰显了自身的价值，她以广博的知识、灵敏的思维、严密的逻辑、流利的口才，以及巾帼不让须眉的气势，使在场者皆为之折服。无疑，林徽因和友人之间的交往是一种高质量的交往。而使一种交往具有价值的不是交往本身，而是交往者各自的价值。高质量的友谊总是发生在优秀的人之间，它的实质是彼此互相由衷地欣赏和尊敬。

一个人有什么样的朋友，直接反映他的为人。有人说过，要了解一个人，你只要观察他的社交圈子就够了，从中可以看到他的价值取向。这就是人们常说的"物以类聚，人以群分"。

跟有智慧的人在一起，会让你学会思考，获取更多的知识。爱尔兰作家萧伯纳说："你有一个苹果，我有一个苹果，交换之后还是一人一个苹果。你有一个主意，我有一个主意，交换之后，我们每人都有两个主意。"跟有爱心的人在一起，会让你学会付出，懂得奉献的真谛。德兰修女说："我们不会做大事，因此，我们只能怀着大爱做小事。"跟有目标的人在一起，会让你学会坚定，不畏艰难险阻。"现代戏剧之父"易卜生说："不因幸运而故步自封，不因厄运而一蹶不振。真正的强者，善于从顺境中找到阴影，从逆境中找到光亮，时时校准自己前进的目标。"跟宽容的人在一起，会让你学会洒脱，用包容的心接纳万物。林肯说："和政敌交朋友，就是在消灭敌人。"跟有平常心的人在一起，会让你学会理智，坦然面对生活的苦与乐。财富最考验人的智慧与耐力，俗话说："财不入急门。"

是的，恶朋佞友会给我们带来很多负面影响，甚至误导我们走入

初心不忘 流年不负

歧途。而良师益友则可以给我们带来很多帮助。因此，选择朋友非常重要。真诚、正直的朋友，刚正不阿，有一种高尚的品格，没有一丝谄媚之色。他的品格可以影响你的品格，他可以在你怯懦的时候给你勇气，也可以在你犹豫不前的时候帮你果断决定。与这样的朋友交往，我们有一种内心的安全感，我们的精神能得到一种净化和升华。和见多识广的人交朋友，会萌生一种真正快乐的力量，这种快乐来自心灵的富足，来自一种教养，来自对理想的憧憬。

选择一个朋友，就是选择一种生活方式。而能够交上好朋友，先要看自己有什么样的心智，有什么样的素养；看自己的朋友圈子里面，是一个良性元素还是一个惰性元素，是有害的还是有益的。也就是说，自己修身养性，是交到好朋友的前提，而交到好朋友，则会帮自己打开一个最友善的世界，让自己增光添彩！

◇ 志同道合

林徽因家的"太太的客厅"在北平文化圈子里颇有名气，相聚在一起的都是文坛巨子、社会名流，如胡适、梁实秋、徐志摩、闻一多等。这些知识精英利用聚餐、茶会组织沙龙，在自由自在的品茗或餐饮中纵论古今、谈天说地，彰显学问之美，追寻人生之乐。可见，志同道合是朋友之间友好往来的基础。

　　人是社会的构成因子，具有社会性特征，个人的言行举止、生活方式要和社会一致，和与他们有社会关系的人一致，否则他很难幸福。但是在现代社会，人们无形中被按等级划分，每个阶层、每个人的观念、信仰都有差异。比如，社会制度不同的国家之间就存在差异，像社会主义国家和资本主义国家在政治、生活等方面的差异；社会制度相同的国家，内部也存在差异，例如，在一些欧洲国家之中，艺术被一些阶层推崇，却被另一些阶层看成罪恶，其他阶层还有可能认为它很愚昧……

　　因为观念上的分歧，一个保有自己兴趣和信念的人，可能在这一群体中受到欢迎，而在另一群体中遭到拒绝。很多人之所以不快乐，就是因为他以及他的喜好不被他所在的群体接受。

　　一个青年人接受了一些新潮的思想，却发现这些思想在他的生活环境中不被接受，又因为他已经熟悉了自己从小生活的环境，所以他很容易把自己的生活圈子当作全部世界。于是，当他被指责为大逆不道时，这个青年再也不敢表达自己的观点，即使有些群体会认可、称赞他的思想，他也没有勇气再去深入探究这种新思想并追溯它的逻辑形成。结果，青年认为自己孤立无援。

　　因为对世界缺乏足够的认识，人类经历了很多不必要的痛苦，甚至不少人一生都在经历这种痛苦，他们感到不容于世，孤立无援，不

初心不忘　流年不负

幸也就开始了。很多人在敌对环境中，为了保持精神上的独立性，消耗了大量精力。疲劳、不敢深入探求新思想，都会阻碍幸福，人们应该及时从这样的环境中解放出来。

年轻人进入大学，如果能够找到和他们志趣相投的朋友，那么他的大学生活就会很幸福。大学毕业后，如果他们在工作中也能找到志趣相投的朋友，那么他的工作也会幸福。不过，对于那些有才华的人来说，情况可能会不一样。如果他找到了志趣相投的人，从此以后，他可以不再压抑自己的信念，不再伪装自己。不过，如果他周围都是一些庸俗的人，那么他就必须隐瞒自己真正的兴趣和信念，纵使内心孤寂无比，但是每天还要强颜欢笑地生活。

在美国总有这样孤独的人。或许有一些地方可以让他们真实地做自己，但他们放弃了去那里的机会，他们只希望能找到一个志同道合的人畅谈人生、理想。他们没有威廉·布莱克和艾米莉·勃朗特那样的勇气，所以不会得到真正的幸福。因此，要想实现幸福，就必须找到方法，阻止舆论专断横行，这是使那些有才华的人相互了解、得到幸福的唯一机会。

但是，也有一些人，他们的观点不被接受，遭受大众非难。这让他们更不快乐，以致挑衅传统，更会使他们与周围的群体气场"失和"，显得锋芒毕露。如果把这些人放在另一个群体中，该群体中的人接受他们的观点，欣赏他们的志趣，那么他们就会改变尖锐的个性，不再古板、顽固、怯弱，而是愉快、轻松、自信、平易近人；从原来的以自我为中心转变为善于社交、性格外向。

所以，如果年轻人发现自己与周围的环境不相适应，那么在选择工作时，一定要尽量选择能找到"知音"的工作，即使这份工作并不会给你带来巨大的收益。因为这样你的内心会愉悦很多，这不是收益能够换来的，而且会激励你更加出色地工作。但是现实中却很少有人这样去做，因为他们的知识、视野太狭隘了，他们认为世界每个地方都一样，都存在偏见。所以他们宁愿把时间花在适应偏见上，而不是寻找适合自己的地方摆脱偏见。在这方面，有经验的老年人应多给予指导，因为他们的社会阅历要比年轻人丰富得多。

"远亲不如近邻"这句话在很大程度上已经失去了意义。现代交通便捷，人们对地理意义上的近邻已经不那么依赖了。汽车、火车、飞机已经扩大了人们选择邻居的范围。但是，在人口密集地带，如果一个人在方圆二十公里内还找不到志同道合的朋友，那他就真的不幸了。

随着人们社交圈的扩大，"熟悉隔壁邻居"的观念现在已经过时了。现代人交友正逐渐摆脱地理位置的限制，变为根据自己的兴趣喜好来选择朋友。随着志趣相投的人们不断交往，人们收获的幸福也越来越多。我们有理由相信，社会交往会越来越趋向这一方向，那些"超凡脱俗"的人们会逐渐减少孤独感，直至这种感觉完全消失。毫无疑问，这会增进人们的幸福。

第二课：在友情中读懂永恒

◇ 沟通，行之有效

　　林徽因的"太太的客厅"是一个充满适度联想的舞台。她是诗人，一生写过几十首诗，在诗歌创作上受徐志摩的影响很明显，但又有自己的特点；她是建筑学家，她的丈夫梁思成曾经对学生说，自己著作中的那些点睛之笔，都是林徽因给画上去的。但她又不完全是诗人，不完全是建筑学家。就是这样多侧面、多方位的"文化林徽因"，融入到当时以男性为主的京派知识分子群体，她与他们的交往，构成了一幅很独特的风景。可以说，林徽因在朋友圈中受尽宠爱。然而朋友之间的交往是双向的，这就不得不提到一个词——有效沟通。

　　沟通是指人与人之间、人与群体之间为求思想一致而进行思想与感情传递和反馈的一个过程。沟通可以是语言的，也可以是非语言的。一般来说，只要能够传达意图就是沟通。由此可知，人与人之间并不缺乏沟通，而存在的问题则是能否沟通良好，即实现"有效沟通"。

美国前总统威尔逊曾经说过："如果你握紧一双拳头来见我，我想，我可以保证，我的拳头会握得比你的更紧。但是如果你来找我说，我们坐下好好商量，看看彼此意见相异的原因是什么，我们就会发现，彼此的距离并不是想象中的那么大，彼此的分歧并不多，而且看法一致的观点反而居多。你也会发觉，只要我们有彼此沟通的耐心、诚意和愿望，我们的沟通就不成问题。"

沟通是交往的最大艺术，不仅体现在夫妻之间，也体现在朋友之间。沟通不足或者沟通过头，都会造成关系的不和谐。

在现实生活中，大量事实表明，"沟通不良"是许多问题的"根源"，包括夫妻矛盾、友人不和、同事嫌隙，等等。心理专家说过："沟通不是人们聚在一起交谈那么简单，它是不同的价值观、人生观的碰撞。每个人都来自不一样的家庭，接受不一样的教育，拥有不一样的生活习惯，就像一对新婚夫妇，婚后第一年是磨合期，在这期间，沟通是最重要的。大部分婚姻或友谊破裂，都是因为双方没有沟通好。"

其实，要实现"有效沟通"并不难，只要抓住几个要点就可以。

首先，交往双方要真诚。在双方沟通时，真实表露自己的心意不仅有助于体现你的自信，还能增强朋友之间的情感。因此，朋友之间

初心不忘　流年不负

最需要的沟通就是及时把美好的感觉告诉对方。

其次，学会倾听。良好的沟通除了表达出自己的意思以外，还要积极倾听对方的意见，并给予反馈。倾听不仅有助于增进双方的互相了解，而且也是体贴、尊重对方的表现。

再次，赞美与表扬。经常鼓励与表扬对方是良好沟通的有效方式。假如人与人之间赞美多于指责，那么人与人之间的关系就要和谐得多。

◇ 知己，不离不弃

在我们的一生中，会遇到很多人。有擦肩而过可能以后再也不会遇到的人，如陌生人；有在一段时间会有密切关系的人，如老师；有和我们血浓于水，永远不会伤害我们的人，如亲人；有陪伴我们走完一生的人，如伴侣；还有就是永远在我们身边，在我们最需要的时候给予勇气、鼓励、安慰和支持，在我们一切安好的时候，默默祝福你，为你开心的人，那就是朋友。

没有人不想要身边人的支持与关心，正如我们自身需要身边人的支持与关心一样。然而，朋友太多，不见得是好事。因为关心一个人和支持一个人都需要花费时间，而每个人不可逾越的终极限制只有一样东西——时间。所以，小心选择朋友，因为他们将和你分享你的生命。一个普通的朋友会拿好的东西对你，一个真正的朋友会拿真心对你；一个普通的朋友讨厌你在他睡着之后打电话，一个真正的朋友会问你是不是有什么心事；一个普通的朋友会在拜访时像客人一样，一个真正的朋友会打开冰箱自己拿东西。有三两个真心的朋友的人，会比没有朋友的人更自信，一如林徽因。

爱因斯坦说过："世界上最美好的事情，莫过于有几个头脑和心地都很正直、严正的朋友。"林徽因，这位绝代佳人，有貌、有情、有才，身边从不乏友人，但是，真正能走在她心里的怕只有多情的徐志摩和深情的金岳霖吧。徐志摩给了她诗意，金岳霖给了她暖意。谁说不离不弃只适合爱人之间？应该说，这样的深情厚谊，更能存在于朋友之间，在林徽因病重的时候最能给她带来快乐的是徐志摩，陪伴她最多的是金岳霖。拥有不离不弃的人生知己，怎会不幸福。

《李延年歌》一诗中写道："北方有佳人，绝世而独立。一顾倾人城，再顾倾人国。宁不知倾城与倾国，佳人难再得。"其实，不仅佳人难得，知己更是难求。林徽因因有知己幸福一生，马克思、恩格斯则因为互为知己，一生无憾。

马克思与恩格斯这两位革命巨人之间的友谊，称得上世界上最伟大的友谊。他们共同研究学问，共同领导国际工人运动，共同办报刊、编杂志，共同起草文件。《资本论》这部经典著作就是他们伟大友谊的

初心不忘　流年不负

结晶。

马克思是共产主义理念的奠基人。他受反动政府的迫害，长期流亡在外，生活很穷苦。但他毫不在意，仍然坚强地进行研究工作和革命活动。而恩格斯把马克思的生活困难看作自己的困难，省吃俭用，把节省下来的钱不断寄给马克思。1863年年初，马克思一家困顿不堪，甚至打算让孩子停学，一家人搬到贫民窟去住。恩格斯得知这个消息后，连忙打电报劝说马克思别这么做，又迅速筹集一笔钱，汇给马克思，使马克思一家暂时渡过难关。马克思在给恩格斯的信中写道："亲爱的恩格斯，你寄来的100英镑我收到了。我简直没法表达我们全家人对你的感激之情。"

同样，在恩格斯需要帮助的时候，马克思也竭尽全力，毫不犹豫。恩格斯逃亡到瑞士时，经济拮据，生活困苦。马克思知道了，连忙从病床上挣扎起来，到银行将自己仅有的钱取出，全部寄给恩格斯。马克思和恩格斯不仅在生活上互相关心、互相帮助，更重要的是他们在共产主义的事业上亲密合作。

他们时刻设法帮助对方，为对方在事业上的成就感到骄傲。马克思答应给一家英文报纸写通讯稿时，还没有精通英文，恩格斯就帮他翻译。恩格斯从事著述的时候，马克思也往往放下自己的工作，帮助他编写其中的某些部分。

1883年，马克思逝世。恩格斯悲痛万分，他放下自己的研究工作，着手整理和出版《资本论》的最后两卷。他日以继夜地抄写、整理、补充、编排，几次累得生病，花了整整十一年的时间，才完成了这部伟大的著作。恩格斯说："这是我喜欢的劳动，因为这时我又和我的老朋友在一起了。"马克斯和恩格斯合作了四十年，共同创造了伟大的马克思主义。在这四十年里，他们向着共同的目标奋斗，建立了伟大的友谊。

一段真正的友情的背后是不离不弃，是疯疯癫癫，是欢声笑语。伤心的时候，"友情"总是快速赶来；难过的时候，"友情"总会陪在身边；失落的时候，"友情"会让人感到不再孤单。用心去寻找几个能陪你一路走到底的朋友吧，因为他们，我们会在人生路上走得更坚定一些，更自信一些。

◇ 隐私，避而不谈

据林徽因的堂弟林宣先生回忆，1931 年，林徽因在香山养病，徐志摩常去看她，把她看作可以一诉衷肠的人。徐志摩每次上香山，家人都叫林宣作陪。林宣说，徐志摩主要是为了"躲气"。"陆小曼生活奢侈浪漫，在上海搞得乌烟瘴气，弄得徐志摩心情很不好。他在北京城里有许多熟人，但没去，就是要上香山，并说'我很不幸''我只有

初心不忘 流年不负

到这里来了'。他到香山跟我姐姐是叙旧,舒舒心气。他还说了很多陆小曼的不是。陆小曼也有优点嘛,他都不提。"林宣认为,徐志摩讲得有点夸张,且毫无自我反省之意,对此他颇有微词。而林徽因则不然,她从来不会因为徐志摩的言辞去评判谁对谁错、谁好谁坏,更不会指摘他"早知如此,何必当初",也许源于那份埋在心底的情谊,但更多的应该是尊重。所以,一个愿讲,一个愿听。

交到好友,更应该顾及朋友的感受。任何人都有他生命中的光荣与隐痛,真正的好友不要轻易去触及他的隐痛,在这一点上,林徽因做到了。当徐志摩在她那里"躲气""舒气"时,她没有指责,没有批评,始终为他营造宽和、友好的气氛,不去触碰他的"私人空间"。

我们都需要安全感,在个人安全空间内,私人空间是很重要的一部分。在人与人的交往中一定要特别重视这点。

私人空间也可以被称为"专有领地"或者"秘密花园",专有领地是一个人经常使用的地方。我们去教室上自习时,你第一次选择的位置,第二次去时,如果不遇到特殊的情况,你会很自然地再到那个地方去坐。我的一个朋友给我讲过一段她的亲身经历:每次上课,她都会去得很早,并且每一次都坐在中间一行,第二排靠走廊的那个位置,渐渐的这个位置就成了她个人的专有领地,最后,即使她进教室是最晚的,也会发现那个位置没人坐,给她留着。这体现的是同学对她的一种尊重。

每个人心里都有一个属于自己的空间，这方天地，拒绝外人来访。在那里，我们可以尽情地挥洒喜怒哀乐，可以埋藏不能对外人言的委屈和伤害。在那里不需伪装自己，想哭就哭，想笑就笑。而作为朋友，我们所能做的就是尊重，然后也换来对方的尊重，如此，双方心里便都能感到安全和满足。

第三课：把朋友放在安全地带

◇ 女人需要蓝颜知己

任何事情、任何人都没有绝对的对、错、好、坏之分，大部分都处于中间状态。但是生活中却只有两个性别——男人和女人。因为男女性别的差异，在对待生活中的好多问题上，女人和男人的看法有本质区别。出发点不同，侧重面也不同。一个问题从不同的角度分析，所得到的结论自然不同。而生活中需要有这样要好的异性朋友，彼此之间无欲无求，交往如手足一样自然、坦荡，不夹杂任何暧昧气息。他在你遇到生活难题、工作压力时，认真帮你分析，助你走出生活的低谷；在你失意时，给你重新振作的勇气；在你得意时，提醒你要正视自己，戒骄戒躁。人生遇到这样的异性朋友，真的太不容易，我们能做的唯有珍惜。显而易见，林徽因是一位几乎让世间所有女子都羡慕和忌妒的女人，她在生活佳偶梁思成的呵护里安逸，在甜美初恋徐志摩的诗意里徜徉，在蓝颜知己金岳霖的深情里终老。

是的，女人需要有真正坦诚的男性朋友，无须很多，一两个足够。男人与女人，在生活认知上有太多差异。虽然日久生情的故事无处不在，但男女的交往，只要把握好尺度，还是会有真正的友谊。日常工作、生活中也有一句老话："男女搭配，干活不累。"

美国科学家曾发现一个有趣的现象，在太空飞行中，60.6%的宇航员会出现头痛、失眠、恶心、情绪低落等症状。经心理学家分析，这是因为宇宙飞船上都是清一色的男性。之后，有关部门采纳了心理学家的建议，在执行太空任务时挑选一位女性加入，结果，宇航员先前的不适症状消失了，工作效率还大大提高了。

同样，女人们总待在一起，也会感到"疲劳"。很多白领女性觉得，女人心细如发，因此时时要小心谨慎。而和男性共事，不必为琐碎的小事操心，更放得开，更有安全感。

女性的心思比男性细腻，被同性关注和被异性关注的感觉是不同的，同性的评价无关痛痒，而异性的评价往往能令其做出惊人的改变。得到男同事的关注或赞赏后，女性会觉得自己是优秀和出色的。这种心理体验得到满足后，她们便觉得有动力，有一个新的努力方向，工作中的委屈和劳累便会"大打折扣"。

有一个异性知己，是一个男人或一个女人生命中最美丽的风景线。他们之间是一种淡淡的感情，这是夫妻之情无法替代的，也是同性知

初心不忘　流年不负

心朋友无法给予的。这种感情虽然没有温馨的浪漫情怀，没有物质和金钱上的索取补偿，没有海枯石烂的诺言，但彼此相互关照，心灵上相互感应，一切尽在不言中，却能使身心愉悦。

◇ 为了他，与别的男人保持适当距离

每当提及感情，或是谁与谁的相遇，谁与谁的相恋，总是会与缘分纠缠不清。有缘的人，无论相隔万水千山，终会聚在一起，携手红尘。无缘的人，纵是近在咫尺，也恍如陌路，无缘相牵。

因为有缘，林徽因和徐志摩走到一起，也因为无分，他们终不能相守。不爱在一起是错误，太爱在一起也是错误。

聪慧如林徽因，她深深地知道像徐志摩这样放浪不羁的诗人，给不起她现世安稳，并且，身为大家闺秀，受过良好教育的林徽因，又怎会甘愿背负插足别人家庭的罪名，和徐志摩在一起？她比任何人都明白，徐志摩的妻子张幼仪是一个温良女子，她安分守在老家，侍奉公婆，平凡生养。浪漫的徐志摩是一个需要靠爱情供养的男子，但也不能因此推卸一个作为丈夫和父亲的责任。人生总不得圆满，有时候尊重爱情就要背叛现实，成全现实就要辜负爱情。所以她最终放弃了徐志摩，选择了梁思成。

徐志摩是林徽因生命里的第一个男子,他给了她所有诗意浪漫的美好想象,所以林徽因会将他珍藏在内心最纯净的角落,不对人轻易提起。和梁思成结婚后,她更是把那段过往封存在心里,不轻易触碰,只把它当成一段逝去的回忆。即便遗憾,即便也曾有过彷徨惆怅,终究还是做到了收放自如,懂得取舍。后来林徽因和徐志摩一直交往,做着清淡如水的知己,仿佛从来没有发生过那场康桥之恋。她以一种清雅端然的姿态漫步在云间,让人仰望了一生,怀想了一生。

林徽因是聪明的,懂得如何和伴侣以外的男人保持距离,即使是深爱过的初恋知己。所以她既得到了梁思成的宠爱,也拥有了徐志摩的呵护。

与丈夫以外的男人保持适当距离,是一门很高深的学问。很多已婚女人不想在结婚后失去众星捧月的公主般的感觉,依然希望自己像过去一样,做一个让人称羡的大众情人。所以,还像未婚女子一样,无所顾忌地与男人调情,并且认为有人追求是自己有魅力的证明。然而,作为一个男人,一个自尊心很强的男人,如果看到自己的妻子与其他男人关系过于密切,肯定会介意,甚至生气。如果妻子一直与婚姻外的男性肆无忌惮地交往,以暧昧的态度与爱人以外的男人相处,那么,无可避免地,终有一天她会失去一直爱自己而自己其实也深爱着的丈夫。

身为女人,尤其是已婚女人,要以友好客气的态度与其他男性相

初心不忘　流年不负

处，保持适当的距离；坚定自己的立场，果断拒绝别人的追求；注意自己的语言，尽量得体、礼貌，不让对方产生误会。

这个世界，女人总向男人要求保护，寻求安全感。其实，在深爱的女人面前，男人也像孩子一样脆弱，需要在感情上被呵护、被重视，希望自己是她生命中的唯一。所以，如果恰好这个爱你的男人也是你爱的，便在要求他给你安全感时，也给他安全感吧，与除他之外的男人保持适当的距离。

◇ 爱情和迷情

林徽因是幸运的，在一生之中遇到三个极致的男人，有相濡以沫的梁思成，有知己蓝颜徐志摩，还有倾城之恋金岳霖。而这其中，林徽因和金岳霖之间的故事可称得上是自古以来最美丽的爱情传奇。梁思成在林徽因离开七年之后娶了他的学生林洙，而徐志摩也在失去林徽因之后娶了陆小曼。唯有金岳霖，这个高大瘦削、风度翩翩的哲学家在爱上林徽因之前没有结过婚，之后一直追随梁家，成为梁家的"家庭成员"。他一生对林徽因寄予柏拉图式的爱情，一生爱护这个卓绝的才女。

金岳霖是徐志摩最要好的朋友之一，他在徐志摩离婚时为其担任证明人，而后又在徐志摩和陆小曼的婚礼上担任伴郎。林徽因养病期间，他陪同徐志摩前去看望林徽因，他们之间甚至没有隐私可言。金岳霖住到梁家后院的时候，正值徐志摩去世，他和林徽因都是徐志摩最亲密的朋友。林、金二人对徐志摩共同的思念、哀悼加深了他们之间的情谊。后来，在梁思成出差的期间内，金岳霖一直照顾着林徽因。因为两人的志趣相投，交往频繁，互相欣赏，最终两人暗生情愫。对此，林徽因很坦诚地告诉了梁思成："我苦恼极了，因为我同时爱上了两个人，不知道怎么办才好？"梁思成听了以后非常震惊，一种无法形容的痛苦笼罩了他，经过一夜的思想斗争，他毅然告诉林徽因："你是自由的，如果你选择了金岳霖，我祝你们永远幸福。"面对梁思成的大度，金岳霖的回答也相当坦诚："看来思成是真正爱你的。我不能去伤害一个真正爱你的人。我应该退出。"林徽因最终回到了梁思成的身边。

  没有几个男人能做到梁思成的境界，明知道情敌一直爱着自己的妻子，却相信朋友、相信妻子，坦荡得好像什么都没有发生过。不管是徐志摩生前的谣言还是他逝去后挂在林徽因卧房中的飞机残片，甚至是如影随形看护照顾林徽因的金岳霖，梁思成都以他君子的心态看待一切，不听信谣言，不怀疑妻子，一如既往地宠爱她。拥有这种胸襟的男人才能与林徽因相得益彰，成就一段才子佳人的传奇佳话。

  都说林徽因是一个幸福的女人，我说，她最大的幸福是在婚姻中

初心不忘　流年不负

始终坚守那一个对的人。林徽因可能的确爱过金岳霖，但是她爱得理智，她对金岳霖的爱不同于对徐志摩的爱那样缠绵热烈，也不同于对梁思成的爱那样平和温暖，而是把那份不由自主的依恋化为敬爱。而事实证明，她选择无悔，圆满一生。

生活中，一个女人对有魅力的异性产生一时迷恋的感觉，倾慕对方，这是很正常的。然而很多女人错在把心动、迷恋或倾慕误认为爱情。殊不知，心动跟真正的爱情根本无法相比。林徽因之所以幸福，就是因为她分得清一时迷恋和永久真爱。所以她不仅没有离开梁思成，反而感动万分地对他说了一句发自肺腑的誓言："你给了我生命中不能承受之重，我将用我一生来偿还！"而林徽因确实用一生的时间兑现了这句诺言，这才是真爱的力量。

迷恋只是暂时的喜欢，爱却是长久的。迷恋会因为时间的改变而改变，而爱虽然也会变，但那只是一种隐藏，会因为时间的变化慢慢变淡，却不会消失。迷恋与化学作用有关，按照最新脑科学研究，一个人在恋爱的时候，大脑里会分泌一种叫作 PEA 的化学物质，中文把它翻译成"苯乙氨"。PEA 这种爱的激素会给人一种非常快乐、平和的感觉。但我们都知道，靠化学物质得到的刺激，过了一段时间之后，就会慢慢消失。但是，真爱却更像是细水长流的感情。按照研究，那些彼此相爱、彼此珍惜的夫妻，彼此见面的时候，大脑中分泌的 PEA 逐渐降低，而"安多芬"（Endorphin）却不断升高。安多芬是上帝赐给人的最自然的止痛药。当母亲在生孩子的时候，上帝就给人"安多芬"来止痛。

　　心动的光芒，最多只是一颗钻石的光芒，让你惊叹于它的华丽，恨不得立刻拥有；真爱的光芒就像阳光，久了也许会让人觉得稀松平常，但这种光芒能温暖你、照耀你，一旦失去，你就会发现整个世界都黑暗了。所以，聪明的女人不一定幸福，但是幸福的女人一定会聪明地选择爱人和情人，选择到底与谁共度一生。

第四课：学会包容，让心灵自由呼吸

◇ 同情种种人性

有位诗人说过这样一句话："只是相思情太浓，仅用相识意太淡，友情是相知，味甘境又远。"友谊在人的一生中是必不可少的。如果人生没有相知的友情，那是淡然无味的，生活也会缺少悦耳的声音。在没有友情的人群中生活，心灵犹如一片荒漠，那种苦闷的心情不言而喻。然而，有了友情的滋润，它便如甘露一般，能够令沙漠生出绿洲。

林徽因是一个热爱生命的女子，她喜欢被朋友围绕着生活，喜欢在朋友遍布的绿洲中徜徉。

现实中的 20 世纪 30 年代，存在一个太太的客厅，这客厅自然是林徽因的客厅。这客厅有些特别，它不同于权贵的客厅，不同于交际花的客厅，也不同于一般社交人士的客厅。林徽因的客厅之所以特别，是因为它不带功利色彩和无聊成分。这个客厅的客人，都是北京城知识界最优秀的学者、教授,他们为了谈文论艺,或者干脆就是为了休息和友谊聚到一起。人们来这里当然是因为主人具有吸引力,但这吸引力却不仅仅是因为一个女人生得漂亮,而是因为主人的热心,但更主要的是因为这里的女主人知识渊博、思想独特、个性特别、语言幽默。她比一般人更体贴,能够理解他人,比一般女人更落落大方,丝毫不惺惺作态。

后来,有越来越多的朋友聚在林徽因的周围,一方面是因为她美丽可爱、坦率真挚、活泼动人,但更重要的是她为人有宽广的胸怀,对人性有透彻的理解,对事物有独特的见解,对朋友有设身处地的包容。当朋友需要她解决问题时,她有能力给予帮助。当沈从文因为感情纠葛烦恼时,她能说出真诚而惊世骇俗的一番言论来。她敢作敢为,也敢说真话。她说:"我的主义是要生活,没有情感的生活简直是死。生活必须体验丰富的情感,把自己变成丰富、宽大,能优容、能了解、能同情种种'人性'。"

伟人马克思说过:"人的生活离不开友谊,但要得到真正的友谊是不容易的。友谊需要用忠诚去播种,用热情去灌溉,用原则去培养,用谅解去护理。"这样的友谊林徽因得到了。对女人来说,我们不仅要学会珍惜友情,还要学会经营友情,学会储蓄友情。

现代社会,尽管人际关系纷繁复杂,每个人的交往动机、要求和期望差别巨大,但仍然有共同的交往原则。

初心不忘　流年不负

1. 交互原则

古人言："爱人者，人恒爱之；敬人者，人恒敬之。"人际交往中，喜欢与厌恶、接近与疏远都是相互的。也就是说，我们要想被别人接纳和喜欢，那么我们首先就要喜欢、接纳和支持别人。有心理专家做过这样一项调查：你是喜欢你喜欢的人，还是喜欢喜欢你的人？而选择后者的人几乎占到了70%之多。所以，很多时候，喜欢我们的人，我们才会喜欢他们；愿意接近我们的人，我们才愿意接近他们；疏远、厌恶我们的人，我们也会疏远、厌恶他们。

2. 功利原则

日常生活中的功利包括金钱、财物、服务，也包含着情感、尊重等。换句话说，人们都希望交往有所值，例如希望在人际交往中获得支持、关心、帮助、感情依托，等等。那些对自己来说是值得的，或是得大于失的人际关系，我们就倾向于建立和维持；无所得的人际交往、不值得的人际关系，我们就倾向于逃避、疏远或放弃，否则我们无法保持心理平衡。但是需要注意的是，功利和实用是不一样的，有些女人交友完全是实用主义，以亲疏分等次进行交友，凡是有利者，就热情相待；对自己无用的人，就冷眼相对。有些女人在身处困境时，非常感谢那些真心关心与帮助自己的朋友，一旦自己的地位变了，有名有势了，就对从前帮过自己的朋友一反常态。这种忘恩负义的女人只会辜负真正的朋友的心意。

3. 自我保护原则

大量的社会心理学研究证明，每个人心理活动的各个方面都存在一种防止自我价值遭到否定的自我支持倾向。这种倾向反映在人际交往中，就形成了自我价值保护的原则。我们在人际交往中应该充分注意这一点，正确理解他人。

4. 同步变化原则

越来越喜欢我们的人，我们也会越来越喜欢他们；越来越不喜欢我们的人，我们也会越来越讨厌他们。我们对别人的喜欢不仅仅取决于别人喜欢我们的量，而且还取决于别人喜欢我们的水平的变化与性质。这就是人际交往同步变化原则，也被称为人际吸引水平增减原则。

5. 平等原则

交往中，彼此在人格上是平等的，互惠互利，因此要平等相待，不可盛气凌人。虚怀若谷、谦和谨慎的女人更容易结交朋友，并获得他人的信任与好感；孤芳自赏、自命不凡的女人就会让人敬而远之，令人反感。要虚心听取真正朋友的忠告，不要讳疾忌医。你也可以在充分尊重对方人格的前提下，提出自己的见解供其参考，不要遇事好为人师。另外，在交往中，不可严以对人、宽以对己，否则有悖公平。

6. 诚信原则

"诚"是人际交往的根本，自古以来一向受到人们的崇尚。以诚待人，才会赢得别人的真诚相待。女人对朋友应该讲求诚信。交友的基

本原则就是说话算数，说到做到。在现实生活中，言而无信的女人永远也不会拥有真正的朋友。

不要轻易做出许诺，一旦做出了，就应认真履行。倘若言而无信、圆滑世故，不仅得不到真正的友谊，还可能众叛亲离。

7. 宽以待人原则

严于律己、宽以待人，方能赢得对方的敬重。友情是给予与奉献的结合体，它应该是无私的。在与朋友相处时，如果斤斤计较，对朋友过于苛求，害怕自己吃一点亏，在荣誉面前你争我夺、互不相让，就很难交到真正的朋友。对朋友身上的不足和缺憾，我们应该有宽容的态度，互相理解，互相支持，互相帮助，共同学习，一起进步。

8. 距离美原则

人际交往中，双方要保持适度距离，不要过于亲近。人际关系本质上是人际心理关系，而每个人都需要保持一定的心理自卫距离。过于亲近会引起对方的不安全感，影响双方关系。

9. 自尊自爱原则

人际交往中要自尊自爱，不要热衷于接受他人的馈赠。好朋友诚心诚意地相互赠送一些小礼物，利于联络感情、增进友谊，是很正常的。可对于交往不深的人的礼物，尤其是异性间的馈赠，最好谢绝，不可来者不拒，否则可能受制于人。

10. 大度原则

朋友关系再亲密，也难免产生摩擦，这种情况下要设身处地、多站在对方的立场考虑问题。即使错在对方，也不要不依不饶，要试着去谅解对方，毕竟每个人都不完美，会难免犯错误。另外，朋友相处切忌虚伪嫉妒。许多女人在与朋友交往中，虽然明知道朋友有缺点、有错误，却还一味地恭维吹捧。朋友取得了成就，有了进步，超过了自己，便妒火升腾，背地里恨朋友恨得咬牙切齿。在情场中，也喜欢争风吃醋，互相攀比。这样是不会得到真正的友情的。

但是，需要注意的是，大度不是不拘小节。在朋友交往时，应该重视细节，对朋友不拘小节是一种不好的习惯。有些女人在向朋友借钱时，自认为数额不大就久借不还，久而久之，这样的女人就会让朋友感到厌恶。

◇ 用好自己的舌头

林徽因的音容、表情、观点、见解，总是令周围的朋友赞叹不已。朋友们也总会被她的魅力、见解而吸引，太太客厅里的聚会几乎成了朋友们的精神食粮，成为这个小圈子的生活方式。去林徽因的客厅聊天，意味着单调生活的中断，新的活力和激情的注入，生活中的一点

初心不忘　流年不负

点涟漪，让人们回味无穷。这样具有激情、才华和创造力的女子，在中国四平八稳的传统社会中，就像夜空中闪亮的星星，让人景仰、愉快、幻想。

健谈的林徽因在沙龙中扮演了绝对主角，滔滔不绝地垄断了整个谈话。梁林二人的挚友、汉学家费慰梅在回忆录中写道，林徽因的"话题从诙谐的轶事到敏锐的分析，从明智的忠告到突发的愤怒，从发狂的热情到深刻的蔑视……她总是聚会的中心人物，当她侃侃而谈的时候，爱慕者总是为她那天马行空般的灵感中所迸发出的精辟警语而倾倒"。

在萧乾《才女林徽因》的文字中，我们看到了他当时特别的心情，也看到了客厅主人常有的状态：

"我怯怯地随着沈从文先生，跨进了总布胡同那间有名的太太的客厅，那是我第一次见到林徽因，她对我说的第一句话是，你是用感情写作的，这很难得。给了我很大的鼓舞，她说起话来，别人几乎插不了话。她的健谈，绝不是那种结了婚的妇人的闲言碎语，而常是有学识、有见地，犀利敏捷的批评。别说沈（从文）先生和我，就连梁思成和金岳霖也只是坐在沙发上吧嗒着烟斗，连连点头称赏。"

毫无疑问，林徽因是一位极富语言魅力的人，这种魅力不仅体现在文化沙龙中，也体现在日常生活中。

对梁思成与林徽因来说，给朋友当义务"人民调解员"早已成了家常便饭。

有一次,沈从文在熊希龄家偶然遇到一个美丽女孩儿高青子,双方相互交谈中,都留下了极好的印象。一个月后,他们又见面了,高青子不仅读了沈从文的小说,而且还相当熟悉小说中的细节,特意穿了小说里写到的"绿地小黄花浅绸子夹衫,衣角袖口缘了一点紫"。以着装传情,令沈从文不能不动心。

后来,沈从文将自己的婚外恋告诉了妻子张兆和。张兆和一气之下回了娘家,把他丢在北平。焦急万分又束手无策的沈从文几乎是哭着赶到梁家,找到善解人意的兄嫂,当起自己的"心理咨询师"。林徽因在给费正清夫妇的信中说:"沈从文这个安静、善解人意、多情又坚毅的人,一位小说家,又是如此一个天才,他使自己陷入了一种情感纠葛,像任何一个初出茅庐的小青年一样,对这种事情陷入绝望。他的诗人气质造了他的反,使他对生活和其中的冲突不知所措。这使我想起了雪莱,也回想起志摩与他世俗苦痛的拼搏。可我又禁不住觉得好玩,他那天早晨竟是那么的迷人和讨人喜欢。而我坐在那里,又老又疲惫地跟他谈,骂他、劝他,和他讨论生活及其曲折,人类的天性,其动人之处和其中的悲剧,理想和现实。"

后来,沈从文与张兆和的感情之路虽然磕磕碰碰,但两人并未抛弃过对方。

无论假借萧乾的文字还是直接鉴阅林徽因的书信,我们都可以看

初心不忘　流年不负

出她的语言魅力。语言可以体现一个人的学识、修养和内涵，使人感到亲切，对你产生好感、重视，甚至敬佩。而像林徽因这样一位谈吐得体、语言丰富的女人，怎会不得人爱！

说话的最高境界是：说要说到别人很愿意听，听要听到别人很愿意说。首先，说话要有针对性。在说话时要针对各种不同的人、不同的境况讲出不同的针对性的语言，也就是我们常说的见什么人说什么话。要实事求是，灵活机动，针对不同的年龄、性别、性格、爱好、职业，要具体问题具体对待。其次，说话要有感染力，做到以情动人。说话者自身要动真感情，然后将自己的真情实感淋漓尽致地表达出来，迅速激起对方的共鸣。说话人要善于体察对方的心境，用饱含浓情的言辞去拨动对方的心弦。另外，说话要有准确性。准确、清晰地表达自己的意图，使别人乐于接受。让听者一听就明白，一听就懂，并从对方的话语中揣测出意图，得到启示，增加对对方的了解，跟对方建立良好的友谊。再次，说话要有规矩。说话人在言辞交谈过程中要明白什么该说什么不该说，不要失了分寸。

她是许多男子眷恋的红颜知己,让世人沉迷于她那份独特的美丽。她爱花开烂漫的人间四月,也爱荷叶莲莲的盛夏时光。她仿佛对一切事物充满热情,总用最美的姿态迎接命运的馈赠。

PART 6

幸福女人的独白:

让阳光温暖彼此

第一课：请绽放你的微笑

◇ 垂头丧气不如莞尔一笑

　　林徽因是一个充满感情、热爱生命的女人，就如同她喜欢人间四月，喜欢碧绿无瑕，喜欢月圆花开。以她的性情，不会轻易辜负任何一个春天，亦不会错过任何一个路人。在她的眼中，每一种生物都赋予了情感，每一处山水都深藏了内涵，每一个过客都该有一段美丽交集。所以她喜欢人间烟火，甘愿为这红尘赴汤蹈火，在所不辞。很多人之所以喜欢林徽因，爱的不仅是她的才情，不只是她的成就，爱的是她优雅的气韵，是她骨子里的坚定，是那种在任何情况下都可以让生命苍翠葱茏，笑对人生的美好。

　　的确，微笑不仅是一种面部表情，它更是一种积极健康的心态，是不管面对多么糟糕的境遇，都能乐观面对并鼓起奋起的勇气。

　　歌德夫人曾经说过："我之所以高兴，是因为我心中的明灯没有熄灭。道路虽然艰难，但我却不停地去求索我生命中细小的开心。如果门太矮，我会弯下腰；如果我可以挪开前进路上的绊脚石，我就会去动手挪开，如果石头太重，我可以换条路线走。我在每天的生活中都可以找到高兴的事。信仰使我能够以一种快乐的心态面对事物。"是的，生活是很挑剔的，只有你先对它微笑，它才会对你微笑。很多很多时候，糟糕的不是事情本身，而是我们面对事情的心态。

有这样一个故事，很久之前，有一个秀才去参加科考，这个秀才连续两次科考都榜上无名，这一年又进京赶考，在一家客栈住下。考试前两天他做了三个梦：第一个梦是梦到自己在墙上种白菜；第二个梦是梦到自己在下雨天戴着斗笠，还打着伞；第三个梦是梦到自己跟表妹赤裸着躺在床上，却是背靠着背。

秀才醒来后思量许久，觉得这些梦都有寓意，便找了个算命先生解梦。算命先生掐指一算，摇头说道："你回家吧，科考无望了！"秀才连忙追问，算命先生又说：

"你在高墙上种白菜，不是白种吗？哪里会有结果？你在下雨天又戴斗笠又打伞，不是多此一举吗？再说你跟表妹脱光了衣服躺在一起，却是背靠着背，这不代表没戏吗？还是赶快收拾东西，回家去吧！"

秀才一听，顿时心灰意冷，回到客栈后就打算结房钱回家。客栈

初心不忘　流年不负

掌柜看到秀才要走，便问："这考试还没开始，你怎么就要走了？"秀才把自己做梦还有解梦的事情说了一遍，掌柜听后哈哈大笑起来，说："要说解梦，我也会解。你且听我解的如何。高墙上种白菜，代表高中。戴斗笠打伞，代表双重保险。你跟表妹脱光了背靠背，代表你翻身的时候到了。这可都是吉梦啊！我看你一定会高中。"

秀才听后觉得很有道理，顿时精神百倍。到了揭榜的日子，秀才中了探花。

人生都有A、B面，关键是看你站在哪一面思考问题。我们无法改变环境，也无法改变一些糟糕的命运，但是我们可以改变态度。在很多时候，只要乐观思考，很可能会获得许多惊喜。想成功的人都是乐观的人，悲观永远都是成功的阻碍，只有积极向上的情操才会让生活变得更加美好，乐观的人永远相信还有明天。

◇ 生活需要热情

林徽因，一个风华绝代的女人，她的一生是一首抒情诗，真挚、隽永而又富有激情，在自己的生命历程中尽情释放全部的爱和热情。她是一个连女人都不得不爱的奇女子。即便是梁思成的第二任妻子林洙都对她敬重有加，她曾经这样说过："我承认，一个人瘦到她那样很难说是美人，但是即使到现在我仍旧认为，她是我一生中所见过的最美、最有风度的女子。她的一举一动、一言一语都充满了美感、充满了生命、充满了热情，她是语言艺术的大师，我不能想象她那瘦小的身躯怎么能迸发出这么强的光和热。她的眼睛里又怎么能同时蕴藏着智慧、诙谐、调皮、关心、机智、热情的光泽。真的，怎能包含这么多的内容。当你和她接触时，实体的林徽因便消失了，而感受到的是她带给你的美和强大的生命力。"林徽因本身就会发光发热，她时刻都在把她的热情传递给身边的每一个人。而幸福的人都有一个最为显著的特征，那就是：热情。

吃饭在日常生活中是一件再普通不过的事情，但人们对于这件小事却有着不同的表现。我们运用以小见大的方法，通过吃饭这件小事探讨热情对于幸福的意义。

首先，我们把吃饭的人分成五类，厌食者、贪吃者、美食家、病人、胃口好的人。对于第一种人来说，吃饭是一件令人讨厌的事情，无论摆在他们面前的食物多么丰富，总是提不起兴致。他们可能吃过各种山珍海味，食物在他们看来只是一种维持生命体征的必需品，除此之外，别无意义。尽管他们对吃饭不感兴趣，可每天还是要机械地重复吃饭的动作，因为他们自身所处的社会环境规定他们必须出去应酬、大吃大喝。他们厌烦所有的事情，吃饭和其他烦心事比起来算是比较"可爱"的事了。所以他们不再抱怨，因为他们清楚，即使抱怨，

也改变不了什么。

　　和厌食者对立的当然要数贪吃者了。贪吃的人一看见食物，就像饿鬼一样扑过去，暴饮暴食，没有节制，最后把自己搞得越来越胖。第三种人是美食家，他们在进餐前，满心期待能够吃到高水准的饭菜，结果却发现没有一道菜能入得了口。第四种人是病人，对于他们来说，吃饭是一种义务。因为"要遵医嘱"，所以为了健康必须吃一些营养品。最后一种人是胃口好的人，他们的食欲永远那么旺盛，除非吃到打嗝，否则他们会一直吃下去。

　　热情和生活的关系就像饥饿和食物的关系。厌食者和苦行僧对应，贪吃的人和骄奢淫逸者对应，美食家和爱挑剔的人对应，苦行僧、骄奢淫逸者和爱挑剔的人对生活中近一半的乐趣进行指责，认为它们缺乏美感。

　　人生犹如一场宴席，生命会奉献很多好东西，人们对待好东西的态度和人们吃饭的态度是一样的。从以上五种人对待吃饭的态度，我们不难发现，胃口好的人才是幸福的人。

　　当前社会出现了一种令人困惑的现象，那就是除了那些贪吃的人以外，几乎其他类型的人都觉得自己比那些具有良好胃口的人高级、优越。在他们看来，饿了就吃东西、日子美好了就热爱生活，这是俗不可耐的。他们认为那些人头脑简单，对其加以鄙视。但是我并不赞成这种观点。

热情过度就会形成一种着魔的状态（就像古装剧中，武林高手因为练武痴迷会走火入魔一样），由于受到某种客观环境的影响，这种状态难以避免，但必须承认，这是一种病态，并不是一种高级的智慧，所以需要及时治疗。

以吃草莓为例，一个人喜欢吃草莓，而另一个人不喜欢吃，那我们能说，不喜欢吃草莓的人比喜欢吃草莓的人高级吗？这不是草莓好坏的问题，而是个人兴趣的问题。喜欢吃草莓的人称赞它们美味，对草莓"没有感觉"的人说它们味同嚼蜡。然而不得不说，爱吃草莓的人比不爱吃草莓的人多了一种快乐，在生活中也就多了一种乐趣。和不喜欢吃草莓的人相比，他更好地适应了有草莓的世界。

喜欢足球的人比不欣赏足球的人多了一种快乐，讨厌读书的人比喜欢读书的人少了一种乐趣。一个人的爱好越多，他得到的快乐就越多，受到命运摆布的机会就越少，因为即使在这件事情上遭受挫折，他还可以在另一件有兴趣的事上得到快乐。我们的生命有限，在短暂的生命中不可能对事事都感兴趣，但可以尽可能多地培养兴趣。如此，我们的生活才会充实、圆满、丰富、多彩。

漫步在乡间小路上，能引起人们注意的东西简直数不胜数。有的人对小鸟感兴趣，有的人对花草树木感兴趣，还有的人关心地质地貌，也有的人留心路上的行人……只要你去发现，其实每件事情都充满了乐趣。一个对大千世界感兴趣的人要比一个了无生趣的人更能适应这

初心不忘　流年不负

个社会。

很多情况表明，对生活充满热情的人比对生活全无热情的人要快乐得多。即使把不快乐的经历全部放在那些热爱生活的人面前，也不会减少他们的快乐，也许他们反而觉得新奇有趣。这往往在爱冒险的人身上表现得更为明显。

和普通人比起来，爱冒险的人更能够接受不愉快的经历，比如船只失事、战争、地震、火灾，等等。当地震过去，他们可能还会诧异："原来地震不过如此！"他们会为经历了一桩新鲜事、增加了对世界的了解而感到高兴。当然，这必须在保证健康的前提下，因为健康是热情的载体，一旦失去健康，热情也就不复存在了。

不过，事情也有例外，有一些人直至死去也依然保持对生活的热情。比如一些生病的伟人，有的被疾病摧毁热情，有的被疾病摧毁健康。也许生物化学家们现在还不能区分这两类疾病，也许有一天他们会取得进展，并研制出一种药物。当人们吃下这种药之后，会对一切都感兴趣。不过，要想判断出哪些因素让人对一切都感兴趣，哪些因素让人对一切全无兴趣，我们还要继续观察生活。

我们不可能一开始就知道某个人的兴趣所在，不过大多数人都会对大众的"热点兴趣"感兴趣。一旦他把这种兴趣激发出来，那他的生活也会变得更加有趣，不会再像以前那样单调、枯燥。但是，那些极端的兴趣是不会给人带来幸福的，因为它无法充实一个人的所有岁月，而且还面临一种危险：有一天，一旦他真正理解了那个他极端爱好的特殊事物，他会感到生活一片空虚、茫然。

人生中会有各种活动，要想美好地生活，就必须让这些活动之间保持一定的和谐、平衡，不能极端地推崇一种活动，而无视其他的活动。贪吃的人只追求吃东西的快乐，因而放弃展开其他活动，所以他的快乐就会"打折"。吃喝玩乐容易过头，其他快乐也一样。

需要注意的是，人的爱好、愿望必须和生活的总体框架相适应。要想让爱好、愿望成为幸福的来源，就必须保持三个"一致"：与健康的要求一致、与所爱之人的情感一致、与所处的社会一致。

有些爱好虽然会强烈到让人无限制地沉溺下去，但是不至于无法脱身，有些却会让人深陷、难以自拔。以"棋痴"为例，如果他是单身汉、而且经济独立，那么他可以进一步发展对下棋的爱好。可如果他有妻子、有孩子，而且又没有独立的经济能力，那么他就必须限制这一强烈的爱好，否则很可能有妻离子散的危险。

即使嗜酒狂和贪吃者不受社会责任的束缚，但仅从自身利益考虑，他们的做法也欠缺理智，因为他们的嗜好违背了健康原则，也许他们会获得一时的快乐，但最终只会留下无尽的痛苦。就像我们上面提到的，嗜好必须在一定的范围以内，适度才是快乐之本，过度则是痛苦之源。嗜好要在健康、有支付必需品的足够收入、最根本的社会义务等特定的东西所构成的框架之中。

初心不忘　流年不负

棋迷如果为了下棋而违背了上述东西中的某一项，那是得不偿失的，就和酒鬼酗酒一样糟糕。对于这样的棋迷而言，我们往往不会严厉地指责他们，因为这样的人毕竟是少数，而且下棋是一种高智商的活动，只有才智不凡的人才会对这样高深的智力活动倾心不已。

第二课：要求少了，幸福就有了

◇ 给欲望一个距离

每个人都有欲望，人们萌生欲望是很正常的，因为它作为一种激励人发生改变的力量，是不可或缺的。但是在种种欲望的诱惑和驱使下，人们极有可能迷失自我，从而采取种种手段去靠近欲望、实现欲望。所以，这就要求我们把握好"度"，给欲望一个距离，于物质需求做到知足。否则一旦"过度"，欲望便会成为魔鬼。

林徽因把理想与现实看得极为透彻，她曾亲口说过："我认定了生活本身原质是矛盾的，我只要生活；体验到极端的愉快，灵质的，透明的，美丽的近于神话理想的快活。"但是她从来不会为欲望所累。她的幸福在更大程度上是一种纯净的精神幸福，而并非殷实的物质需求。一个追求极致物质满足的人往往身心疲惫。

据心理学调查研究显示，有充分的数据表明：如果你长时间做一

初心不忘　流年不负

件事情，最终你会让自己筋疲力尽。其实这是意料之中的，即使没有科学证明也能想到。虽然现在有一些疲劳研究聚焦在学生身上，但它还是以对肌体的疲劳研究为主要目标。遗憾的是，这些研究并没有触及关键问题。对于现代人来说，主要的疲劳是情绪上的疲劳。单纯的脑力疲劳和纯粹的身体疲劳一样，只要有足够的睡眠就能得到缓解。如在田地劳作一天的农夫，当他结束农活后，只要让他好好休息，美美地睡上一觉，就能够消除他日间的疲劳。

但需要注意的是，过度劳累往往不是只会引起单纯的脑力和身体上的疲劳，而是会引起人们情绪上的变化，会让人烦恼、焦虑，导致情绪性疲劳。情绪性疲劳的危害就在于，它会影响人的休息。一个人越累，却越无法休息。因为他把自己的工作看得太重，哪怕只休一天假都会带来灾难性的后果。他的神经简直面临崩溃的边缘。对于这些人，要想治愈他们的疲劳，唯一的办法就是休假。表面看来，是工作让他们崩溃，但实际上都是因为情绪性疲劳引起的。

一个人的心情越是不好，就越想借助工作转移注意力。他放不下自己的工作，就是为了摆脱萦绕在心头的不幸感。如果他的不幸是破产，那他的工作就会与他的焦虑联系得更加紧密。这种焦虑引起的后果是，促使他更长时间地去工作，而不间歇的工作又会妨碍他的判断力，结果破产的速度比他不工作时更快。由此可以得出，任何情况下，是情绪性困境导致神经崩溃，而不是工作。

如果能把足够的活力和强度注入到有意识的思维中，那么，它就会对无意识产生作用。无意识的活动往往是由有意识的思维转化的，而转化的媒介就是高度情绪化。无意识会埋藏在大脑深处，只有我们在有目的地做一些事情的时候，它才会显现出来。把握住这一点，我们就可以利用无意识思维做事。例如，我们必须完成一篇报告，但它十分难写。此时我们最好的办法不是整日整夜地思考它，而是选定一个时间段，在这段时间内，集中所有的注意力去思考。等这段时间结束，就把它转到别的时间段进行，然后把注意力放在其他的事情上。等过几个月，再有意识地去思考这个题目，反而会找到解决办法。

　　如果问题暂时无法解决，就利用这段时间去从事其他工作。而解决问题的办法会在不经意间出现。同理，当我们遭遇不幸时，先冷静下来慎重地思考一下，推测它的各种后果，哪种后果最糟糕。然后再说服自己，无论发生什么，都不会有极端的灾难发生。当你做好最坏的打算之后，你会发现，你的焦虑已经减轻了很多。最后，如果你能够勇敢面对最坏的打算，你又会发现，你的焦虑彻底消失了，取而代之的是慷慨激昂的情绪。

　　焦虑是恐惧的一种表现形式，而恐惧又会引发疲劳。一个人如果学会不再恐惧，就会减少很多疲劳，生活也会轻松很多。

　　当我们害怕某件事情发生，恐惧就会悄然而至，而且会引发最有害的后果。恐惧情绪随时会侵入我们的头脑，虽然每个人恐惧的事情

不一样，但是每个人心中都有潜在的恐惧。有人怕患癌症，有人担心破产，有人害怕自己不光彩的过去曝光，有人受着猜忌的折磨，还有人怕"生前作恶，死后会下地狱"的故事是真的……他们思绪萦绕、辗转难眠。

当受到恐惧的折磨时，他们试图通过想别的东西来分散自己的注意力，如运动、娱乐、工作等。但是，他们这样做是错误的，这种逃避恐惧的做法反而会加剧恐惧。要想消除内心的恐惧，我们就必须坦然地去面对它，理智、平静地去思考它，直到这种恐惧失去令人恐惧的特征，变得不再陌生。现在男女遭受的神经疲劳，绝大部分是由恐惧、害怕等负面情绪而引起的。所以，人要无所惧，学会知足常乐。忧愁少一些，疲劳少一些，快乐就会多一些。

◇ 拥有附加兴趣，保持生活平衡

当一个人走出自己的领域，去看一下其他行业的动态，他的心情就会变得很不一样。比如，去读一本书，他不需要用专业的眼光，去挑剔、去批判，唯一需要做的就是跟着作者的思想走，随着作者的感情入境，因为这无关他的工作，所以他会展现一种完全放松的状态。这就是闲情逸致，即在工作之余，利用空闲时间来使自己放松娱乐的兴趣，也就是次要兴趣。

梁思成先生曾说："林徽因是个很特别的人，她的才华是多方面的。不管是文学、艺术、建筑乃至哲学，她都有很深的修养。"她的兴趣之广、涉猎之博，可谓前无古人，后无来者。她可以在任何一个领域有所建树。因此她就像一个磁场，无论何时何地，都是朋友们众星捧月的核心。

毫无疑问，林徽因是一个会生活的人，她会在生活中消遣自己。这不仅是一种为人处世的智慧，更是一种极其难得的品质。

现代生活节奏如此之快，人们往往把时间、精力都花在以生计为目的的活动上，从而忽视了那些与生活无关的东西，导致抑郁、疲劳、神经紧张。结果，一个头脑健全的正常人会把除了睡觉以外的清醒的时间都用来思考，永不停歇。他时而焦虑、时而担忧、时而兴奋、时而狂躁，洞察力下降、平衡感丢失，把自己搞得疲惫不堪。这就是疲劳的原因和结果。

当一个人感到疲惫，他会减少对外界的兴趣，原来从外界事物中得到的宽慰感也会随之逝去，所以他的精神会更加疲劳，这是一种恶性循环，最后只会导致一种后果：精神彻底崩溃。所以，对自己生活以外的东西产生兴趣是极其重要的。它是减少疲劳、避免精神崩溃的有效手段。

对工作以外的东西发生兴趣会让人放松，因为这种兴趣不需要人

初心不忘　流年不负

们付出任何实际行动。决定和行动，本来就是令人疲倦的事情，尤其是在大脑空空而又时间很紧的情况下。所以很多人宁愿按照别人说的去做，也不愿意自主决定。

不少人在决定一些事情之前，都会先美美地睡一觉，这实在是一种聪明的做法。睡眠，至少会暂时缓解疲劳，而且在睡眠中，下意识仍然会发生作用，不会让你醒后失忆，忘记原来的工作。

有些人一完成工作就把它放在一边，在第二个黎明来临之前绝对不会再想它；有些人却不然，他会在工作前后一直为之操心劳神，对工作"念念不忘"。然而，前者的工作却比后者的工作完成得更加出色。如果一个人能在工作之余有很多的闲情逸致，那么工作于他而言，是可以说忘就忘的。因为除了工作，他还可以有很多其他的乐趣。

可是，那些没有次要兴趣的人却不容易做到这点，因为除了工作，他没有其他的事情可做。不过，需要注意的是，在展开那些充满闲情逸致的活动时，不能再运用那些已经让工作搞得疲惫不堪的感官，也不要再渗入意志力和决断力的因素。否则，这些兴趣会失去其减轻压力的价值，使意识和下意识都不得安宁。

很多娱乐活动，比如练瑜伽、看电影、打高尔夫球，都能够起到让人放松的效果。一个"书痴"如果也能把眼光放在其职业以外的书上，那对他而言未必不是一件好事。人，无论遇到多少烦恼，都不应该让它们侵占你全部的清醒时间，而为之日思夜想。

个人的兴趣爱好不仅具有让人放松的功能，还有很多其他的功能。让人的生活保持一定的比例就是其功能之一。

当一个人忘我地工作，只专注于自己的工作圈时，他很容易沉浸在自己的世界里，过分夸大个人天地的重要性，以致忘记了外部世界的广阔无垠。其实，每个人在浩瀚的宇宙中都是沧海一粟，世界上有很多事情是不受我们控制的，地球不会因为某个人而停止转动，世界也不会因为某件事情而发生变化。认识到这点是很重要的。它告诉我们，每个人都应该有一幅协调、平衡的生活图景，在这幅以"生活"命名的图景中，人们需要展开一系列的必要活动，以便为这幅图画增色添彩。

人生极其短暂，时光一去不返。在短暂的生命里，人们应该尽可能多地去认识那些未知的事物，人类赖以生存的星球、地球在宇宙中的具体位置以及我们想知道的一切。放弃求知的机会就像进了戏院而不听戏一样。

生活丰富多彩，悲喜交加；自然奇光异彩，令人称奇；各种壮观景象，层出不穷。这是在人生的道路上，生活赋予我们的特权和对我们的优待。而那些只对一件事情"情有独钟"，无视其他兴趣的人，却放弃了这种权利。生活保持一定的兴趣是极其重要的，它可以起到安慰剂的作用。

在生死一线之间，我们的情绪很容易激动、紧张，这是对自身重

初心不忘　流年不负

要性过高估计的结果。当我们把个人的生死放在宽广的宇宙中，当我们想到世界不会因为人类存灭而荣枯凋零，也许面临死亡时，我们会坦然得多。意在为善的少量工作远胜于意在为恶的大量工作。过分关注自己的工作很容易让自己陷入狂热的危险。要预防这种心理，最好的办法就是明确生命和宇宙的地位，将它们的概念联系起来，以保持生活的比例感。

一个人，如果他已经知道了可以让自己的灵魂变得伟大的东西，但是他却依然我行我素、卑鄙狭隘、自私自利，而且畏惧命运、害怕不幸，那么他是很难获得幸福的。任何具有伟大灵魂的人，都有开阔的心胸，可以包容宇宙间的一切。

当人类受限于狭小的时空，他会竭尽所能地认识真正的自己、生命和世界。他能够意识到生命的短暂和渺小，能够把宇宙间的一切价值都凝聚在心中。他深知，在某种意义上，心容世界的人和世界一样伟大。只要一个人摆脱了对命运的恐惧，他就能够体会到更深沉的快乐。即使他饱经沧桑，但在灵魂深处，他依然是幸福的。

个人兴趣能促进人的幸福，这也是其价值的体现。生活总有意外，或好或坏。就算是最幸运的生活也有可能遇到糟糕的情况。在生活中，夫妻之间肯定会有拌嘴的时候，孩子也会有让父母忧心的时候，商人难免会碰上经济危机，专业人员也无法杜绝失败。在遭遇这些不幸的时候，一个人如果能让自己置身度外，转而将目光投注在那些忧虑以外的个人兴趣上,比如说下棋、读侦探小说、沉迷于天文学,甚至去陌生的地方探险,这或许会有助于他们减轻忧愁和痛苦。

相反,那些不会苦中作乐、不懂得消遣解忧的人是不明智的。这些人任凭焦虑困住自己,在忧患面前无计可施、寸步难行。生活需要消遣,这种生活态度同样适用于某些无法弥补的创伤,比如,爱人离开、亲人离去。一味地沉浸在悲伤之中,是有害无益的,已经离开的人终究不会再回来,你的悲伤,他们看不到。当然,悲痛肯定是有的,这是情理之中的事情,毕竟我们不是铁石心肠,但我们需要做的是将悲痛降低到最小的程度,否则我们会被悲伤压垮,痛不欲生。

每个人都应该尽最大的努力去成全幸福。在工作之余多寻找一些闲情逸致,以便分散心思,只要这种闲情无害于人的身心健康,那么,无论它如何琐碎都值得一试。而判断一种消遣是否有害,其标准就是看它会不会毁灭人的思想。比如酗酒、吸毒,这些消遣不仅有害人的健康,而且会侵蚀人的思想,让人堕落。

良好的消遣活动,不以毁灭人的思想为前提,而是为不幸的生活寻找到新的出口,至少会让人远离不幸。然而,如果一个人的兴趣极其有限,恰好在某一时段,这仅有的可怜的兴趣又不幸染上悲伤,那么他很难转变痛苦的心情,让自己快乐起来。一个人要想提高承受厄运的能力,最明智、最有效的方法就是趁自己在快乐的时候努力培养广泛的兴趣,为心灵开辟一片宁静的寓所,在此寓所之中,它联想到

初心不忘　流年不负

的不是那些让人难以忍受的痛苦思绪，而是那些能够化解忧郁、令人振奋的事情。

　　一个充满活力与热情的人，一定会借助层出不穷的新兴趣树立积极向上的世界观，从而让自己逃避厄运、战胜所有的不幸。人们不会称赞那些因为一次或几次失败就一蹶不振的人，也很少惋惜那些缺乏生命活力、多愁善感的人。人生有限，所以我们应该抓紧时间去扩展生命的宽度，而不是任凭死神主宰我们的情感，听任命运摆布我们的生存和理想，以致扼杀了生活的意义。

第三课：对自己说声谢谢

◇ 正确认识自己

  林徽因说，每个人都是带着使命来到人间的。无论他多么的平凡渺小，多么的微不足道，总有一个角落会将他搁置，总有一个人需要他的存在。有些人在属于自己的狭小世界里，守着简单的安稳与幸福，不惊不扰地过一生。有些人在纷扰的世俗中，以华丽的姿态尽情地演绎一场场悲欢离合。

  然而，也有许多人，他们不知道自己是谁，也忘记自己当初想要追求什么，于是糊里糊涂地跟在时光背后，做了岁月的奴隶。

  人生原本就是一个大舞台，每个人都在这个舞台上寻找和扮演着特定的角色。有些人光鲜亮丽地登场，有些人安静淡然地离开。还有很多人出演了根本不适合自己的角色，劳累一生而郁郁不得志。所以在人生的舞台上最重要的就是要清楚自己适合演什么，不适合演什么。

初心不忘　流年不负

知道自己、了解自己、认识自己，是在登上人生这个大舞台前必须要准备的功课。

生活中，我们经常会见到这样一类人，他们总在叙述别人冷酷无情，别人对不起他，别人不守信用，别人如何如何……这种人起初可能会得到他人的同情，如果只听他的描述，那确实没有什么让人怀疑的地方，他们可能确实遭受过那种境遇。但是听了太多次，人们就会怀疑，为什么他的运气总是这么坏？为什么所有恶人都让他碰上？生活中有那么多人，按照概率学，每个人遭受厄运的概率应该是大体相等的。

如果一个人总受到周围不公正的待遇，那就要从自身找原因。就像我们常说的："一个人认为你不好，你不一定不好，但如果一群人认为你不好，那么可能你就真的不好。"或许他无意识的言行冒犯了别人，又或许实际上他并没有受到那些不公正的待遇，很多是他臆想的。

而听他抱怨太多遍的人，就会逐渐怀疑他的说法。他们不再同情他，可这又坚定了他认为人人都在反对自己的想法。他更会把人们这种"冷漠的态度"当作自己被恶意对待的佐证。所以这个问题很难解决，因为无论人们是否同情他，都会让他认为自己在遭受冷酷的际遇。如果有人相信他的言语，他更会得寸进尺，添油加醋地大肆渲染，直到人们都不信他。

我们需要注意到的是，我们不能期望别人对自己的评价能比我们对自己、对别人的评价更高。我们总是认为自己非常优秀，以自己对待自己的标准去要求别人对待自己的态度，希望他人爱戴自己、尊重自己。但我们需要自问，我们对别人能做到这样的程度吗？其实如出一辙。

另外，人们在生活中很容易过分夸大自己的价值。以剧作家为例，他认为自己是当今最优秀的剧作家。然而，他的作品却很少公映，即使上演也不成功。他会如何替自己解释这种现象呢？他会说，经理、演员和评论家们联合起来反对我。我不能向他们低头，更不会曲意迎合去讨好他们。我的剧本承载了真理，那些人们否定真理，自然不会认可我。如此，我的才能也被埋没了。

还有一种人，他根据偶然的事实产生悲哀的感觉，但只从自己的体验做出结论，过分关注那些偶然的但不典型的事实。他认为他的不幸代表了世间上所有的不幸。比如说，一些政府机构为了名誉封锁了一些丑闻，而他恰好发现了，他想去揭露，但遭到了所有宣传机构的拒绝，即使是那些看起来很高尚的人，也对他的愤怒不屑一顾，拒绝染指其中。所以，他的遭遇就让他有了这样一种概括——"当权者黑"。权势建立在罪恶的基础之上，所以政府、掌权者都会掩饰罪恶。而他不幸地成了罪恶的牺牲品。

某些慈善家也是如此，他一直按照自己的想法去做好事，却不管人们是否愿意接受他的帮助，他这样做是否会违背别人的意愿。而当

初心不忘　流年不负

人们对他的帮助无动于衷时，他又会苦恼，认为他们忘恩负义。实际上，他远不像自己想象中那样高尚。当他期望得到别人的感谢时，他做好事的动机已经不纯洁了。

在政界中也有类似的情况。政治家们把权力都紧握在自己手里。为了实现那些崇高的目标，他们放弃个人享受，为公众谋取福祉，但是最后人们却无视他们的功绩，转而围攻他们，他们困惑不已。他们认为，自己的心里从来只有公众动机、没有个人主义。但他们没有想过是执政、施政的快乐激发了他的活力。他们感叹世界的堕落，也哀叹自己的隐退，为自己吃力不讨好的付出而遗憾万分。

所以，不要高估自己的优点。失败的剧作家，应该静下心来想一想，是不是剧本写得不好，如果真是剧本的原因，他就该坦白地接受它。如果他确实有才华，但暂时不被认可，那他就该坚持自己的理想，继续坚定地走下去。但是，如果他真的无能，只为了虚荣心而坚持己见，那他最好"回头是岸"。

当你自认是天才，却被别人当作庸才时，你可以这样测定一下自己：你是为了表达某种思想和情感去创作？还是仅仅为了获得人们的青睐去创作？和获得人们的青睐、受到别人的赞赏比起来，真正的艺术家更希望自己能创作出高雅的作品，能传达自己的思想。所以，即使他的剧作不受人们欢迎，他也不会因此改变自己的创作风格。从另一方面来看，那种为了获得人们的青睐而创作的人，内心并没有那种特别强烈的创作欲望。所以,当他的作品受挫时,他会轻易地改变自己的职业,从事与剧作完全无关的工作。

无论你做什么工作,如果听到别人对你的评价没有达到自己的预期值,不要定论一定是他们错了。否则,不久你就会产生幻想,认为别人是在故意陷害自己,阻止自己成功。而情况往往是越这样想,越不幸福。认识到自己并不像自己想象中那么优秀,可能会让人痛苦,但这种痛苦是暂时的,痛苦过去,就会得到幸福。

◇ 选准适合自己的角色

林徽因出身名门,少女时代就随父亲遍游各国,赏阅人世繁华;战争时期,她也曾困居李庄,穿着素朴衣裳,拎了瓶子上街打油买盐。被无数爱慕者捧如天上星辰的是她;为了考察工作在穷乡僻壤、荒山古刹风餐露宿的也是她;着一袭白色纱裙,倾城绝色的是她;被病痛缠身,容颜憔悴的也是她。这样的女子无论从何种角度去观赏,都是一道别致的风景。

在生活中,每个人都在不同的时期、不同的位置扮演不同的角色。如儿子、女儿、父亲、母亲、丈夫、妻子……人生是实实在在的生活,每一个角色都是真实生活的一部分,饱尝人生百态,体验人生精彩。

初心不忘　流年不负

很多时候我们需要把名利看淡一些，始终保持一种内心的淡定与坦然，不为虚妄的东西动心，活得轻松一点，洒脱一点。如林徽因一样，找准人生角色，定位人生角色，活出360°的完美人生。

人人都知道，要当英国女王的夫婿实非易事，因为根据英国的传统，他非但不得干涉国事，而且必须遵从女王的命令，永远置身于幕后。这么一个难演的角色，女王伊丽莎白二世的夫婿菲利普亲王，却当得出神入化、生动自然，博得了英国子民的尊敬与掌声。

菲利普仪表英俊、风度翩翩、头脑聪明，而且风趣幽默。他所具备的风趣幽默感，为他化解了许多尴尬的问题。

遵照英国王室的传统，身为女王的丈夫必须永远站在女王后面两步。菲利普从1947年与伊丽莎白结婚后，半个多世纪来总是站在女王后面的两步之处，中规中矩，从不出错。

1957年，他们夫妻到美国去访问。当他们参观一个展览时，有名女士走上前，问菲利普说："请问您跟女王一起走路时，是否总要落后两步呢？"

菲利普幽默地回答："是啊！你说得没错。我认为这样很好。你瞧见了吗？由于平常我总是落后两步，所以，昨天我们一起坐着看足球赛时，就会特别亲热。"

还有一次，在一个讨论会上，有一个人把他的博士太太推到前面，说："她比我能干，是一家之主。"

菲利普听了很幽默地自嘲说:"我们家里也有相同的问题。"

他非但机智幽默,而且宽容豁达。

有一次,他与伊丽莎白公主(当时尚未登基)要到加拿大访问。加拿大派遣了一艘驱逐舰前往迎接。

舰上的官兵决定以王室之礼款待他们夫妇。到了喝下午茶的时刻,一名年轻军官手端蛋糕敲门进入房间后,立正敬礼,由于太过紧张,把蛋糕全倒在了地上。

该军官吓得面无血色,不知如何是好。一旁的菲利普立刻捡起了半个蛋糕,笑眯眯地对太太说:"我已经捡起了我的一半,你的一半在那里。"

他的宽容与机智,顿时化解了大家的尴尬。

人生如戏,既然选好了自己的角色,那就重视这出戏,珍惜这个角色,活出一种内心的充实与幸福。

第四课：有一种幸福叫放下

◇ 舍得的幸福

　　诗酒趁年华，只有在青春鼎盛之时我们才敢挥霍光阴，一醉求欢。林徽因从来没有固执地想过要什么，也没有刻意去拒绝什么。她曾说过，每个人的一生都在演绎一幕又一幕的戏，或真或假、或长或短、或喜或悲。你在这场戏中扮演那个我，我在那场戏里扮演这个你，各自微笑，各自流泪。一场戏的结束意味着另一场戏的开始，所以我们不必过于沉浸在昨天。你记住也好，你忘了也罢，生命本是场轮回，来来去去，何曾有过丝毫的停歇。所以该放下的时候就要放下，过去并不等于未来。

　　人生就是一场旅行，如果你太在乎目的地，你就会错过了沿路美好的风景。我们无法决定未来，但是我们可以把握现在。寻一方净土，悠悠地坐下来，回看人生的潮起潮落。人生如花，花开花落自有时，我们不必刻意强求，去自叹短暂，停下脚步来环顾，过好每一天，其实就足够了。

在西方国家中，绝大部分人并不以温饱作为幸福的标准，他们更注重成功。科学家在研究工作中更容易找到成功的感觉，而商人则更容易得到"丰厚的"回报。

但是，伟大的科学家毕竟只有那么几位，富有的商人在世界人口基数中所占的比例也远远比不上穷人所占的比重。所以，我们必须承认这样一种事实：在竞争日益激烈的今天，只有少数人才能获得辉煌的成就，适度的放弃是必然的也是必要的。有些幸福伸手就能摘到，有些却够不着，所以在努力与放弃之间要学会取舍。

放弃是实现幸福的必要条件，从某一层面来说，放弃对幸福的促进作用丝毫不亚于努力对幸福的作用。聪明人尤其懂得这点。本来，他可以采取行动战胜不幸，但如果在战胜不幸的过程中需要消耗大量的时间和精力，而且还会影响他去追求更大的目标，那么他会果断地选择放弃这些努力，转而将精力用在更有意义的事情上。

相反，很多人为了一点小事耿耿于怀，为了解决这点不顺心的事，他投注了大量的宝贵的时间，还让自己焦虑不安、恼怒不已。无论他最后能否解决这件事，但是他现在已经得不偿失了，因为他失去的不仅是时间，还有自己的心情。况且，事件的结局还是一个未知数。

人，无论追求任何事情，都不应该让自己陷得太深，即使他追求

初心不忘　流年不负

的是真正的、重要的目标。当他把这个目标看得过于重要的时候，他就会害怕失败。所以，为了这个目标，他会用尽全力舍不得放弃。最后把自己搞得疲惫不堪、内心不安。

在现实工作中，效率与感情往往是对立的，两者不能兼得。有时候，我们会因为对工作的感情而期待自己做得精益求精、力争完美，以致降低了效率。因此，感情会阻碍效率。面对工作，我们应该采取恰当的态度：尽力而为，成事在人，谋事在天。

人生的目标有主次之分，很多情况下，我们会"弃车保帅"，为了主要目标放弃次要目标。例如，一个人正在从事十分重要的工作，但是婚姻生活恰好在这时候"亮起红灯"，如果他因为私人事情让自己心神不宁从而影响了当前的大局，那么他是不明智的。假如这项工作足够重要，那么正确的做法就该是，先放下小家庭，顾好大家庭，暂时放弃该放弃的，否则会因小失大，后悔莫及。

生活中无可避免地会出现一些小麻烦，让人难以忍受。不过，如果任其发展，本来微不足道的事情也会对生活造成巨大的困扰。人们常会因为一些不顺心的小事大动肝火。比如，上错火车、饭被煮焦、火炉漏烟、送洗衣店的衣服送还不及时，等等。人们在这些小麻烦上耗费的精力足可以建成或毁灭一个帝国。

但实际上，再小的麻烦也不会因为我们对它发脾气就能解决掉。焦虑、烦躁、恼怒对解决问题并没有益处。也许当时，我们的确无法克制自己的情绪，但是我们不应该让坏情绪"存活"太长时间。最明智的方法就是放弃，对这些无关痛痒的小麻烦不予理会。聪明的人不会刻意去关注用人有没有把灰尘弄干净，烟垢有没有被扫掉等家庭琐事。他不是没有时间，只是会把精力用在更有意义的事情上。在他看来，这些小事是不值得他生气动怒、浪费感情的。一个人的精力有限，我们应该把宝贵的时间、精力、感情用在更有价值的事情上。

人生向来平等，缘来缘去，镜花水月，无所谓谁拥有了多少，谁失去了多少，有舍有得，这便是人生。有人向往金楼玉锦，海味山珍，有人向往权倾天下，呼风唤雨。这一切到头来，究竟他能得到多少，他又失去了多少。人们在向往这些东西的同时，可曾想过，现在的你拥有了多少，为了那些东西，你将失去多少。懂得放下，这是智慧，也是人生的一种磨砺，唯有放下一些东西，才能收获另一些东西。人生的道路上如果背负太沉重的包袱，一定走不远，而且会令女人身心俱疲。不要让包袱拖累你的脚步，让你人生的旅途更轻松些吧！

过去只代表过去，哪怕累到没有力气，也要再试一次，因为过去并不等于未来。"过去不等于未来"，就是要求你用发展的眼光看待自己，看待事物。让过去的都过去，关键是未来。所以，活在当下，过好每一个今天。

初心不忘　流年不负

◇ 幸福是一种信仰

人活着，都有一份信念在支撑，心里有了寄托，有了依靠，才可以维系住那些深刻的思想和感情。林徽因从来都是一个和美的女子，她没有成为一个凡妇，亦没有成为一个一心钻研学术的女学者。她的心中始终充满盎然的诗词，充满爱与暖。她如梦似幻地根植于世人心中，那么鲜艳，那么娉婷，那么赏心悦目。即便身处纷繁的俗世，也未将她漂染成五颜六色，她依旧还是那朵白莲，依旧不变对幸福的信念。

其实，幸福并不难，很多时候不是我们能不能幸福而是我们想不想幸福。获得幸福需要依靠两个非常重要的条件，外界环境和个人自身。在这里，我们主要从自身条件出发，探讨实现幸福的因素。幸福其实很简单，其诀窍无外乎两个字——信仰。快乐的人有快乐的崇拜，不快乐的人有不快乐的信仰。人至少该有一种属于自己的信仰，否则，幸福很难！

很多人觉得自己不幸福，他们带着深沉、忧伤的腔调去阐释："幸福是一件十分复杂的工程。"我从来不认为幸福是一件不可捉摸的事情。那些认为幸福"深不可测"的人，不知不觉间给它蒙上了一层面纱不敢靠近，结果离幸福越来越远。

　　生活的必备品包括：衣、食、住、行、健康、爱情、为人父母、成功的工作、同伴们的尊敬，这些东西简单却重要。对于普通人来说，无论这些东西少了哪样，生活都不完整，幸福也会缺憾。然而，如果一个人同时拥有这些东西，但是他仍然感到不幸福，那只能说他心理失调，如果情况严重，他最好去咨询心理医生。不过，一般来讲，这种失调通常靠自身就能治好，前提是他要学会妥善地安排好各种事务。

　　在和平的外部环境下，只要一个人保持对生活的热情和兴趣，不过分地关注自身，那么他很容易就能得到幸福。无论教育还是自我调整，都应该摒弃自私自利的欲望，把眼光从自己的身上移开，多去获得那些外向型的兴趣。

　　人被关在监狱里是不幸福的，这是人类的天性。同样，如果我们把自己紧紧地锁在自己的感情世界里，那和犯人关在监狱里又有什么区别呢？如果真有不同，那只能说，把我们关进去的不是别人，恰恰是我们自己。我们用恐惧、妒忌、负罪感、自怜、孤芳自赏这些情感因素为自己建造了一座感情监狱。在这所监狱里，我们接触的只有自己，所有的欲望也都围着自己展开。我们深陷其中，不敢挣脱，因为害怕一旦走出来，世界就不再是自己的，自我需要无法得到满足。

　　在面对社会现实之前，因为恐惧，他们宁愿选择相信谎言也不愿意承认事实。而在这一过程中，他们则整天担惊受怕、恐惧多疑，生

初心不忘　流年不负

怕真正的事实到来会让自己措手不及，令自身陷入更加艰难的处境。另外，一旦现实的荆棘戳破谎言，他们会比那些开始就相信事实、历练自己的人面临更糟糕的环境，遭受更多的痛苦。

以自我为中心的人，其生活往往会失去很多色彩。当然，这种人不会有滥情的危险，因为他只爱自己。在偌大的宇宙中，他关注的只是自己的需要，这在那些饱受负罪感折磨的人身上体现得尤为明显。一些人最大的缺憾就在于对这种特殊的自我关注采取了鼓励的态度。

幸福的人是给予爱的人，也是得到爱的人。他对生活永远抱着积极乐观的态度，用客观的眼光去看待周围的事物。除了工作以外，他对外界具有广泛的爱和兴趣，同时又把这些爱和兴趣传递给他人，使别人也获得幸福。被人爱是幸福的一大来源，但索取爱却不一定能够得到幸福。一个人为了达到自己的目的，把爱当成一种资本去投资，企图以此获得更丰厚的爱。这样带有算计性的爱是不真诚的，得到爱的人也会感受到它的不真诚，所以不会回报给对方期待的爱。

一个因为自身原因而失去幸福的人该怎么办呢？这样的人往往自我膨胀、以自我为中心。他局限在自己狭隘的空间里，整天惦记着自己的不幸，不喜欢与外界接触。他更愿意躲在自己的世界里，继而又会感到更不快乐。他深陷在这种恶性循环之中，难以自拔。要想摆脱这个不幸的怪圈，他就必须扩展自己的视野，把过分关注自己的目光转移到外界能够引起他兴趣的事物之上。不幸福的主观原因多种多样，解决方法也各有不同。

如果他不幸的症结是负罪感,那么首先他就要明白,每个人都不完美,都被允许犯错,只要这种错误在法律、道德的"承受范围"之内,那就可以得到原谅。所以,他应该在头脑中树立正确的信念,设法让自己多参加一些活动,不要时不时地把罪孽深重的大帽子戴在自己的头上,那是和自己过不去。消除了负罪感,生活的乐趣就会随之而来。如果他的问题是自怜,那么他首先就要意识到,除了生死,世界上没有什么大不了的事情。如果他是因为恐惧不幸,那么最好的办法就是做一些练习,增强勇气。

自古以来,人们就把勇气视为一种美德。对于男孩和男人而言,最重要的就是要培养那种在战场上无畏无惧的品格。然而很多时候,人们却忽视了对道德的勇气和智慧的胆略的培养。

每天接受一个事实,承认一个真理,虽然有时候是"很痛"的领悟,但是却能让你的内心更加勇敢、坚韧。我们需要明白,在很多方面,我们不及朋友,但是这并不代表我们不优秀,毕竟人外有人,山外有山。生活中还有很多其他的事情值得我们去体验。这种练习,如果能坚持下去,不出几年,我们必定能以更加坦然的态度面对事实,那时候你会无惧很多事情。

一个人,当他学会不再以自我为中心时,就会产生真正客观的兴趣,这是无可置疑的。所以开始的时候不要强迫自己去喜欢什么、爱

初心不忘　流年不负

好什么。兴趣应该是天性和外界环境共同作用的结果，如果开始就告诉自己集邮能带来幸福，最后却发现集邮并没有想象中那么有趣，结果反而会让自己更失望。所以兴趣也要随性而生、顺天生长。

总之，兴趣顺其自然，快乐没有那么难，幸福正在远处向我们招手，欢迎所有人加入！

附 录

林徽因作品精选

你是人间的四月天

——一句爱的赞颂

我说你是人间的四月天;
笑响点亮了四面风;轻灵
在春的光艳中交舞着变。

你是四月早天里的云烟,
黄昏吹着风的软,星子在
无意中闪,细雨点洒在花前。

那轻,那娉婷,你是,鲜妍
百花的冠冕你戴着,你是
天真,庄严,你是夜夜的月圆。

初心不忘　流年不负

雪化后那篇鹅黄，你像；新鲜
初放芽的绿，你是；柔嫩喜悦
水光浮动着你梦期待中白莲。

你是一树一树的花开，是燕
在梁间呢喃，——你是爱，是暖，
是希望，你是人间的四月天！

原载1934年5月《学文》1卷1期

一首桃花

桃花,

那一树的嫣红,

像是春说的一句话:

朵朵凝露的娇艳,

是一些

玲珑的字眼,

一瓣瓣的光致,

又是些

柔的匀的吐息;

含着笑,

在有意无意间

生姿的顾盼。

看,——

那一颤动在微风里

她又留下,淡淡的,

在三月的薄唇边,

一瞥,

一瞥多情的痕迹!

原载 1931 年 10 月《诗刊》第 3 期

初心不忘　流年不负

深夜里听到乐声

这一定又是你的手指，
轻弹着，
在这深夜，稠密的悲思。

我不禁颊边泛上了红，
静听着，
这深夜里弦子的生动。

一声听从我心底穿过，
忒凄凉
我懂得，但我怎能应和？

生命早描定她的式样，
太薄弱
是人们的美丽的想象。

除非在梦里有这么一天，
你和我
同来攀动那根希望的弦。

原载 1931 年 9 月《新月诗选》

谁爱这不息的变幻

谁爱这不息的变幻,她的行径?
催一阵急雨,抹一天云霞,月亮,
星光,日影,在在都是她的花样,
更不容峰峦与江海偷一刻安定。
骄傲的,她奉着那荒唐的使命:
看花放蕊树凋零,娇娃做了娘;
叫河流凝成冰雪,天地变了相;
都市喧哗,再寂成广漠的夜静!
虽说千万年在她掌握中操纵,
她不曾遗忘一丝毫发的卑微。
难怪她笑永恒是人们造的谎,
来抚慰恋爱的消失,死亡的痛。
但谁又能参透这幻化的轮回,
谁又大胆的爱过这伟大的变幻?

原载 1931 年 4 月《诗刊》第 2 期

莲灯

如果我的心是一朵莲花,
正中擎出一枝点亮的蜡,
荧荧虽则单是那一剪光,
我也要它骄傲的捧出辉煌。
不怕它只是我个人的莲灯,
照不见前后崎岖的人生——
浮沉它依附着人海的浪涛
明暗自成了它内心的秘奥。
单是那光一闪花一朵——
像一叶轻舸驶出了江河——
宛转它飘随命运的波涌
等候那阵阵风向远处推送。
算做一次过客在宇宙里,
认识这玲珑的生从容的死,
这飘忽的途程也就是个——
也就是个美丽美丽的梦。

原载 1933 年 3 月《新月》4 卷 6 期

去春

不过是去年的春天，花香，
红白的相间着一条小曲径，
在今天这苍白的下午，再一次登山
回头看，小山前一片松风
就吹成长长的距离，在自己身旁。

人去时，孔雀绿的园门，白丁香花，
相伴着动人的细致，在此时，
又一次湖水将解的季候，已全变了画。
时间里悬挂，迎面阳光不来，
就是来了也是斜抹一行沉寂记忆，树下。

原载 1937 年 7 月《文学杂志》1 卷 3 期

初心不忘　流年不负

一串疯话

好比这树丁香，几枝山红杏，
相信我的心里留着有一串话，
绕着许多叶子，青青的沉静，
风露日夜，只盼五月来开开花！

如果你是五月，八月里为我吹开
蓝空上霞彩，那样子来了春天，
忘掉腼腆，我定要转过脸来，
把一串疯话全说在你的面前！

原载 1948 年 2 月《经世日报·文艺周刊》第 58 期

笑

笑的是她的眼睛,口唇,
和唇边浑圆的漩涡。
艳丽如同露珠,
朵朵的笑向
贝齿的闪光里躲。
那是笑——神的笑,美的笑;
水的映影,风的轻歌。

笑的是她惺松的鬈发,
散乱的挨着她耳朵。
轻软如同花影,
痒痒的甜蜜
涌进了你的心窝。
那是笑——诗的笑,画的笑;
云的留痕,浪的柔波。

原载 1931 年 9 月《新月诗选》

初心不忘　流年不负

记忆

断续的曲子,最美或最温柔的
夜,带着一天的星。
记忆的梗上,谁不有
两三朵娉婷,披着情绪的花
无名的展开
野荷的香馥,
每一瓣静处的月明。

湖上风吹过,头发乱了,或是
水面皱起像鱼鳞的锦。
四面里的辽阔,如同梦
荡漾着中心彷徨的过往
不着痕迹,谁都
认识那图画,
沉在水底记忆的倒影!

原载 1936 年 3 月《大公报·文艺副刊》

时间

人间的季候永远不断在转变
春时你留下多处残红,翩然辞别,
本不想回来时同谁叹息秋天!

现在连秋云黄叶又已失落去
辽远里,剩下灰色的长空一片
透彻的寂寞,你忍听冷风独语?

原载 1937 年 3 月《大公报·文艺副刊》

初心不忘　流年不负

八月的忧愁

黄水塘里游着白鸭,
高粱梗油青的刚高过头,
这跳动的心怎样安插,
田里一窄条路,八月里这忧愁?

天是昨夜雨洗过的,山岗
照着太阳又留一片影;
羊跟着放羊的转进村庄,
一大棵树荫下罩着井,又像是心!

从没有人说过八月什么话,
夏天过去了,也不到秋天。
但我望着田垄,土墙上的瓜,
仍不明白生活同梦怎样的连牵。

原载 1936 年 9 月《大公报·文艺副刊》

无题

什么时候再能有
那一片静;
溶溶在春风中立着,
面对着山,面对着小河流?

什么时候还能那样
满掬着希望;
披拂新绿,耳语似的诗思,
登上城楼,更听那一声钟响?

什么时候,又什么时候,心
才真能懂得
这时间的距离;山河的年岁;
昨天的静,钟声
昨天的人
怎样又在今天里划下一道影!

原载 1936 年 5 月《大公报·文艺副刊》

初心不忘　流年不负

题剔空菩提叶

认得这透明体，

智慧的叶子掉在人间？

消沉，慈净——

那一天一闪冷焰，

一叶无声的坠地，

仅证明了智慧寂寞

孤零的终会死在风前！

昨天又昨天，美

还逃不出时间的威严；

相信这里睡眠着最美丽的

骸骨，一丝魂魄月边留念，——

……

菩提树下清荫则是去年！

原载 1936 年 5 月《大公报·文艺副刊》

情愿

我情愿化成一片落叶,
让风吹雨打到处飘零;
或流云一朵,在澄蓝天,
和大地再没有些牵连。

但抱紧那伤心的标志,
去触遇没着落的怅惘;
在黄昏,夜半,蹑着脚走,
全是空虚,再莫有温柔;

忘掉曾有这世界;有你;
哀悼谁又曾有过爱恋;
落花似的落尽,忘了去
这些个泪点里的情绪。

到那天一切都不存留,
比一闪光,一息风更少
痕迹,你也要忘掉了我
曾经在这世界里活过。

原载 1931 年 9 月《新月诗选》

初心不忘　流年不负

仍然

你舒伸得像一湖水向着晴空里
白云，又像是一流冷涧，澄清
许我循着林岸穷究你的泉源：
我却仍然怀抱着百般的疑心
对你的每一个映影！

你展开像个千瓣的花朵！
鲜妍是你的每一瓣，更有芳沁，
那温存袭人的花气，伴着晚凉：
我说花儿，这正是春的捉弄人，
来偷取人们的痴情！

你又学叶叶的书篇随风吹展，
揭示你的每一个深思；每一角心境，
你的眼睛望着我，不断的在说话：
我却仍然没有回答，一片的沉静
永远守住我的魂灵。

原载 1931 年 9 月《新月诗选》

激昂

我要借这一时的豪放
和从容,灵魂清醒的
在喝一泉甘甜的鲜露,
来挥动思想的利剑,
舞它那一瞥最敏锐的
锋芒,像皑皑塞野的雪
在月的寒光下闪映,
喷吐冷激的辉艳;——斩,
斩断这时间的缠绵,
和猥琐网布的纠纷,
剖取一个无瑕的透明,
看一次你,纯美,
你的裸露的庄严。
…………

然后踩登
任一座高峰,攀牵着白云
和锦样的霞光,跨一条

初心不忘　流年不负

长虹，瞰临着澎湃的海，
在一穹匀净的澄蓝里，
书写我的惊讶与欢欣，
献出我最热的一滴眼泪，
我的信仰，至诚，和爱的力量，
永远膜拜，
膜拜在你美的面前！

原载 1931 年 9 月《北斗》创刊号

展缓

当所有的情感
都并入一股哀怨
如小河,大河,汇向着
无边的大海,——不论
怎么冲急,怎样盘旋,——
那河上劲风,大小石卵,
所做成的几处逆流
小小港湾,就如同
那生命中,无意的宁静
避开了主流;情绪的
平波越出了悲愁。

停吧,这奔驰的血液;
它们不必全然废弛的
都去造成眼泪。
不妨多几次辗转,溯回流水,
任凭眼前这一切缭乱,

初心不忘　流年不负

这所有，去建筑逻辑。
把绝望的结论，稍稍
迟缓；拖延时间，——
拖延理智的判断，——
会再给纯情感一种希望！

原载1947年5月《大公报·文艺副刊》

那一晚

那一晚我的船推出了河心,
澄蓝的天上托着密密的星。
那一晚你的手牵着我的手,
迷惘的星夜封锁起重愁。
那一晚你和我分定了方向,
两人各认取个生活的模样。
到如今我的船仍然在海面漂,
细弱的桅杆常在风涛里摇。
到如今太阳只在我背后徘徊,
层层的阴影留守在我周围。
到如今我还记着那一晚的天,
星光、眼泪、白茫茫的江边!
到如今我还想念你岸上的耕种:
红花儿黄花儿朵朵的生动。
那一天我希望要走到了顶层,
蜜一般酿出那记忆的滋润。
那一天我要拷上带羽翼的箭,

初心不忘　流年不负

望着你花园里射一个满弦。
那一天你要听到鸟般的歌唱,
那便是我静候着你的赞赏。
那一天你要看到零乱的花影,
那便是我私闯入当年的边境!

原载 1931 年 4 月《诗刊》第 2 期

山中

紫色山头抱住红叶,将自己影射在山前,
人在小石桥上走过,渺小的追一点子想念。
高峰外云在深蓝天里镶白银色的光转,
用不着桥下黄叶,人在泉边,才记起夏天!

也不因一个人孤独的走路,路更蜿蜒,
短白墙房舍像画,仍画在山坳另一面,
只这丹红集叶替代人记忆失落的层翠,
深浅团抱这同一个山头,惆怅如薄层烟。

山中斜长条青影,如今红萝乱在四面,
百万落叶火焰在寻觅山石荆草边,
当时黄月下共坐天真的青年人情话,相信
那三两句长短,星子般仍挂秋风里不变。

原载 1937 年 1 月《大公报·文艺副刊》

初心不忘　流年不负

忆

新年等在窗外，一缕香，
枝上刚放出一半朵红。
心在转，你曾说过的
几句话，白鸽似的盘旋。

我不曾忘，也不能忘
那天的天澄清的透蓝，
太阳带点暖，斜照在
每棵树梢头，像凤凰。

是你在笑，仰脸望，
多少勇敢话那天，你我
全说了，——像张风筝
向蓝穹，凭一线力量。

原载1934年6月《学文》1卷2期